MATHE HE

Regeln und Begriffe

Teil 3: Geometrie

Lernen mit System

STUDIENKREIS®

INHALT

Geraden und Winkel 4

Strecke • Strahl (Halbgerade) • Gerade 4
Winkel • Größe eines Winkels 5
Geradenkreuzung • Scheitelwinkel • Nebenwinkel 6
Stufenwinkel / Wechselwinkel • Stufenwinkelsatz / Wechselwinkelsatz 7
Senkrechte Geraden • Mittelsenkrechte • Winkelhalbierende 8
Grundkonstruktionen 9

Kongruenzabbildungen 10

Kongruenz • Verschiebung 10
Drehung • Punktspiegelung 11
Achsenspiegelung 12
Drehsymmetrie • Punktsymmetrie • Achsensymmetrie 13

Dreiecke 14

Bezeichnungen am Dreieck 14
Dreiecksungleichung • Innenwinkelsumme • Außenwinkelsatz 15
Seitenhalbierende • Mittelsenkrechte 16
Höhen • Winkelhalbierende 17
Gleichschenkliges Dreieck • Gleichseitiges Dreieck 18
Kongruenzsätze 19
Kongruenzsatz SSS • Kongruenzsatz SWS 20
Kongruenzsatz WSW • Kongruenzsatz SWW 21
Kongruenzsatz SsW • Beweisen mit den Kongruenzsätzen 22
Umfang • Flächeninhalt 23
Satz des Pythagoras • Höhensatz 24
Kathetensatz • Flächenumwandlungen 25

Vierecke und Vielecke 26

Vielecke / n-Ecke 26
Viereck • Quadrat • Rechteck 27
Parallelogramm • Raute / Rhombus 28
Trapez • Achsensymmetrisches Trapez 29
Drachenviereck • Übersicht Vierecke 30
Konstruktion von Vierecken 31
Sehnenviereck • Tangentenviereck 32
Regelmäßige Vielecke 33

INHALT

Kreise 34

Bezeichnungen am Kreis • Winkel am Kreis 34
Winkelsätze • Satz des Thales 35
Grundkonstruktionen 36
Gemeinsame Tangenten zweier Kreise 37
Umfang • Flächeninhalt • Bogenlänge • Bogenmaß 38
Kreisausschnitt • Kreisabschnitt • Kreisring 39

Körper 40

Geometrische Körper • Schrägbilder 40
Netze 41
Würfel • Quader 42
Prisma 43
Pyramide 44
Zylinder • Kegel 45
Satz des Cavalieri 46
Pyramidenstumpf • Kegelstumpf • Kugel 47

Ähnlichkeit • Strahlensätze 48

Ähnlichkeit • Ähnlichkeitsabbildung 48
Zentrische Streckung 49
Ähnlichkeitssätze für Dreiecke 50
Ähnliche Figuren am Kreis 51
Strahlensätze 52
Teilung einer Strecke 53

Trigonometrie 54

Winkelfunktionen im rechtwinkligen Dreieck 54
Bestimmung von Winkelfunktionswerten 55
Winkelfunktionen für beliebige Winkel 56
Additionssätze 57
Sinussatz • Kosinussatz 58
Dreiecksberechnungen 59

Formeln auf einen Blick 60

Register 62

GERADEN UND WINKEL

Strecke *Endpunkte • Länge*

Eine gerade, durch zwei Punkte begrenzte Linie nennt man **Strecke**. Die beiden Punkte heißen **Endpunkte** der Strecke. Für eine Strecke mit den Endpunkten A und B schreibt man AB.

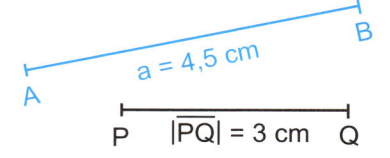

Eine Strecke ist die kürzeste Verbindung zwischen zwei Punkten. Der Abstand zwischen den Endpunkten A und B heißt **Länge** der Strecke AB. Man schreibt |AB| oder bezeichnet die Länge mit kleinen lateinischen Buchstaben.

Strahl (Halbgerade) *Anfangspunkt*

Verlängert man eine Strecke über einen Endpunkt immer weiter hinaus, so erhält man einen **Strahl**, auch **Halbgerade** genannt. Ein Strahl ist nur auf einer Seite durch einen Punkt begrenzt, auf der anderen Seite ist er unbegrenzt. Dieser Punkt heißt **Anfangspunkt**. Strahlen werden mit kleinen lateinischen Buchstaben bezeichnet.

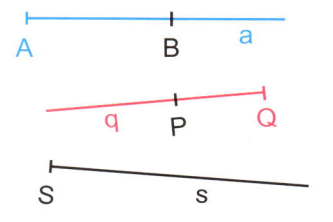

Gerade *Geradenbüschel • Geradenschar • Schnittpunkt parallele Geraden • Parallelen*

Verlängert man eine Strecke über beide Endpunkte immer weiter hinaus, so erhält man eine **Gerade**. Eine Gerade ist nach beiden Seiten hin unbegrenzt, hat also keine Endpunkte.

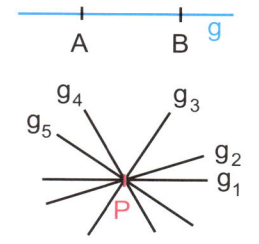

Durch **zwei** verschiedene Punkte A und B kann man genau eine Gerade zeichnen. Durch **einen** Punkt P kann man unendlich viele Geraden zeichnen. Man spricht von einem **Geradenbüschel** oder einer **Geradenschar**.

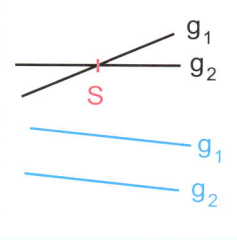

Zwei verschiedene Geraden g_1 und g_2 können höchstens einen gemeinsamen Punkt haben. Man nennt ihn den **Schnittpunkt S** der beiden Geraden.

Haben zwei Geraden keinen gemeinsamen Punkt, so heißen sie **parallele Geraden** oder **Parallelen**. Man schreibt $g_1 \parallel g_2$, sprich „g_1 parallel g_2". Zu jeder Geraden gibt es unendlich viele Parallelen.

GERADEN UND WINKEL

Winkel

Scheitel • Schenkel • Drehsinn

Dreht man einen Strahl s um seinen Anfangspunkt S, so entsteht ein **Winkel**. S heißt **Scheitel** des Winkels, der Anfangsstrahl s heißt **1. Schenkel**, der Endstrahl t heißt **2. Schenkel** des Winkels.

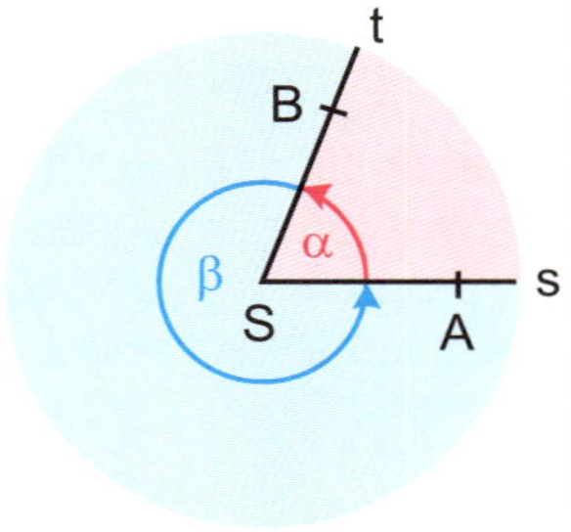

Vereinbarungsgemäß dreht man den Anfangsstrahl gegen den Uhrzeigersinn. Man sagt dann, der Winkel habe einen **positiven Drehsinn**.

Winkel werden oft mit kleinen griechischen Buchstaben (α, β, γ, δ, …) oder durch ihre beiden Schenkel benannt ($\measuredangle$(s, t)). Dabei bezeichnet der erste Buchstabe den 1. Schenkel, der zweite den 2. Schenkel. Bei der Schreibweise $\measuredangle$ASB steht A für einen Punkt auf dem 1. Schenkel, S für den Scheitel und B für einen Punkt auf dem 2. Schenkel.

Beachte: $\measuredangle$(s, t) und $\measuredangle$(t, s) bzw. $\measuredangle$ASB und $\measuredangle$BSA bezeichnen **verschiedene** Winkel! In der Zeichnung gilt: $\alpha = \measuredangle$(s, t) $= \measuredangle$ASB und $\beta = \measuredangle$(t, s) $= \measuredangle$BSA

Größe eines Winkels

Grad • spitzer / rechter / stumpfer / gestreckter / überstumpfer Winkel • Vollwinkel

Die Größe eines Winkels gibt an, wie weit man den 1. Schenkel drehen muss, um den 2. Schenkel zu erreichen. Sie wird in **Grad** (°) gemessen. Kleinere Einheiten sind Minuten (') und Sekunden ("). Es gilt: 1° = 60' = 3 600"

(Eine anderes Maß für die Winkelgröße ist das Bogenmaß – siehe Seite 38.)

Winkel unterscheidet man nach ihrer Größe:

spitzer Winkel
(0° < α < 90°)

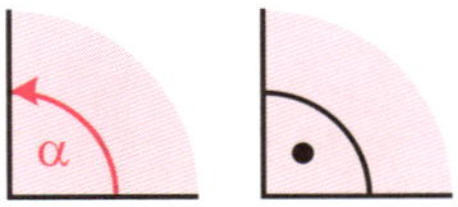

rechter Winkel
(α = 90°)

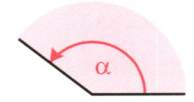

stumpfer Winkel
(90° < α < 180°)

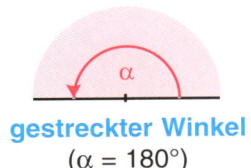

gestreckter Winkel
(α = 180°)

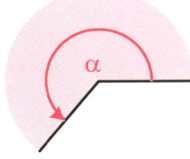

überstumpfer Winkel
(180° < α < 360°)

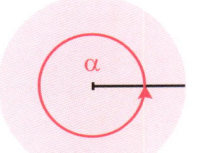

Vollwinkel (α = 360°)

GERADEN UND WINKEL

Geradenkreuzung

Schneiden sich zwei Geraden g und h, so entsteht im Schnittpunkt S eine **Geradenkreuzung**.

Man erhält die vier Winkel α, β, γ und δ. Alle vier Winkel haben den gemeinsamen Scheitel S. Die Winkel α und β, β und γ, γ und δ sowie δ und α haben je einen gemeinsamen Schenkel.

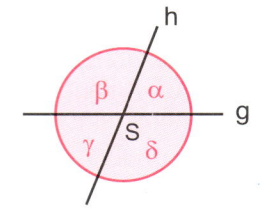

Scheitelwinkel *Scheitelwinkelsatz*

Zwei gegenüberliegende Winkel an einer Geradenkreuzung heißen **Scheitelwinkel**. α und γ sind Scheitelwinkel, β und δ sind Scheitelwinkel.

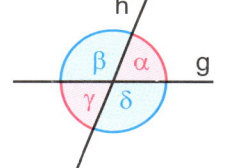

Es gilt der **Scheitelwinkelsatz**:
Scheitelwinkel sind gleich groß. Im Bild gilt: $\alpha = \gamma$; $\beta = \delta$

Nebenwinkel *Nebenwinkelsatz*

Zwei nebeneinander liegende Winkel an einer Geradenkreuzung heißen **Nebenwinkel**.
α und β sind Nebenwinkel, γ und δ sind Nebenwinkel *(Bild 1)*.
α und δ sind Nebenwinkel, β und γ sind Nebenwinkel *(Bild 2)*.

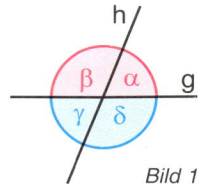

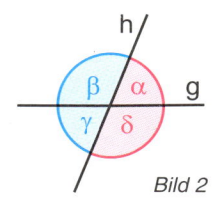

Bild 1   Bild 2

Es gilt der **Nebenwinkelsatz: Nebenwinkel ergänzen sich zu 180°.**
In den Bildern gilt: $\alpha + \beta = 180°$; $\beta + \gamma = 180°$; $\gamma + \delta = 180°$; $\alpha + \delta = 180°$

Wenn ein Winkel einer Geradenkreuzung bekannt ist, lassen sich die anderen drei Winkel mithilfe von Scheitelwinkel- und Nebenwinkelsatz berechnen.

Beispiel:

gegeben: $\beta = 112°$ gesucht: α, γ und δ
$\delta = 112°$, da δ Scheitelwinkel von β
$\alpha + \beta = 180°$, da α Nebenwinkel von β;
also: $\alpha = 180° - 112° = 68°$
$\gamma = 68°$, da γ Scheitelwinkel von α

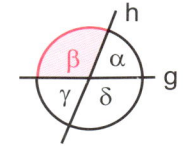

GERADEN UND WINKEL

Stufenwinkel
Wechselwinkel

Werden zwei Geraden g und h von einer dritten Geraden s geschnitten, so entstehen zwei Geradenkreuzungen.

Zwei Winkel, die auf entsprechenden Seiten der beiden geschnittenen Geraden und auf der gleichen Seite der schneidenden Geraden liegen, heißen **Stufenwinkel**. Im Bild sind α und α', β und β', γ und γ', δ und δ' Paare von Stufenwinkeln.

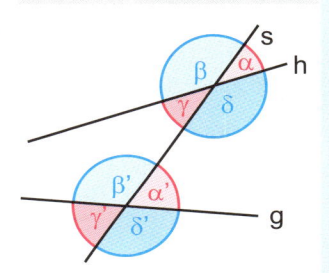

Zwei Winkel, die auf entgegengesetzten Seiten der beiden geschnittenen Geraden und auf verschiedenen Seiten der schneidenden Geraden liegen, heißen **Wechselwinkel**. Im Bild sind α und γ', β und δ', γ und α' sowie δ und β' Paare von Wechselwinkeln.

Stufenwinkelsatz
Wechselwinkelsatz

Sind an einer doppelten Geradenkreuzung die geschnittenen Geraden g und h parallel, so gibt es zwischen Stufenwinkeln und Wechselwinkeln Zusammenhänge.

Es gilt der **Stufenwinkelsatz: Stufenwinkel an geschnittenen Parallelen sind gleich groß.**

Im Bild gilt also: $\alpha = \alpha'$, $\beta = \beta'$, $\gamma = \gamma'$ und $\delta = \delta'$

Es gilt der **Wechselwinkelsatz: Wechselwinkel an geschnittenen Parallelen sind gleich groß.**

Im Bild gilt also: $\alpha = \gamma'$, $\beta = \delta'$, $\gamma = \alpha'$ und $\delta = \beta'$

Wenn bei geschnittenen Parallelen ein Winkel bekannt ist, so lassen sich mithilfe der Winkelsätze die sieben anderen Winkel berechnen.

Beispiel:

gegeben: $\beta = 112°$ gesucht: α, γ und δ; α', β', γ' und δ'

$\delta = 112°$, da δ Scheitelwinkel von β

$\alpha + \beta = 180°$, da α Nebenwinkel von β; also: $\alpha = 180° - 112° = 68°$

$\gamma = 68°$, da Scheitelwinkel von α

$\alpha' = \gamma' = 68°$, da α' Stufenwinkel von α und γ' Wechselwinkel von α

$\beta' = \delta' = 112°$, da β' Stufenwinkel von β und δ' Wechselwinkel von β

GERADEN UND WINKEL

Senkrechte Geraden   *Lot • Lotfußpunkt • Abstand Punkt / Gerade*

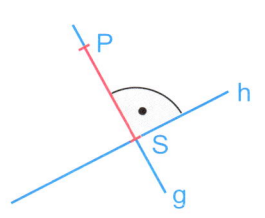

Zwei Geraden g und h, die im Schnittpunkt S einen rechten Winkel miteinander bilden, heißen **zueinander senkrechte oder orthogonale Geraden**. Man sagt „g ist senkrecht zu h" und schreibt **g ⊥ h**.

Ist S der Schnittpunkt zweier senkrechter Geraden g und h und P ein Punkt auf der Geraden g, so heißt die Strecke PS **Lot von P auf h**. S nennt man auch den **Lotfußpunkt**. Die Länge von PS heißt **Abstand des Punktes P von der Geraden h**.

Mittelsenkrechte   *Mittelpunkt einer Strecke*

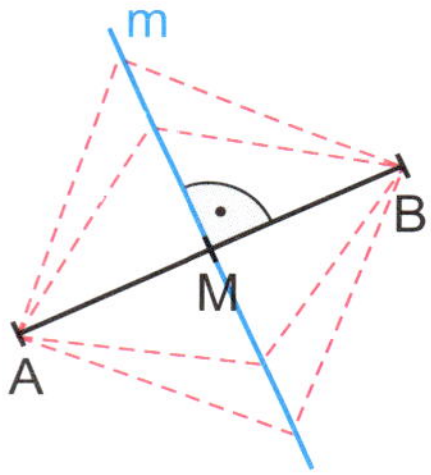

Der Punkt M auf einer Strecke AB heißt **Mittelpunkt M der Strecke AB**, wenn gilt: |AM| = |MB|. Der Mittelpunkt zerlegt eine Strecke AB in zwei gleich lange Teilstrecken.

Die Gerade m, die senkrecht zu einer Strecke AB ist und durch den Mittelpunkt M dieser Strecke geht, heißt **Mittelsenkrechte von AB**.

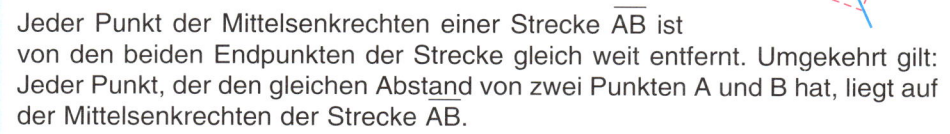

Jeder Punkt der Mittelsenkrechten einer Strecke AB ist von den beiden Endpunkten der Strecke gleich weit entfernt. Umgekehrt gilt: Jeder Punkt, der den gleichen Abstand von zwei Punkten A und B hat, liegt auf der Mittelsenkrechten der Strecke AB.

Die Mittelsenkrechte m ist Symmetrieachse *(siehe Seite 13)* der Strecke AB.

Winkelhalbierende

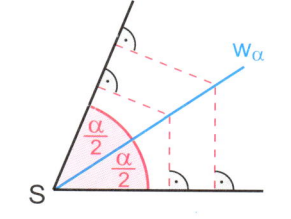

Der Strahl, der vom Scheitelpunkt S eines Winkels α ausgeht und diesen Winkel in zwei gleich große Teilwinkel zerlegt, heißt **Winkelhalbierende von α**. Jeder der beiden Teilwinkel hat die Größe $\frac{\alpha}{2}$.

Ist a < 180°, so hat jeder Punkt der Winkelhalbierenden w_α von den beiden Schenkeln des Winkels α den gleichen Abstand. Umgekehrt gilt: Jeder Punkt, der von den beiden Schenkeln des Winkels α den gleichen Abstand hat, liegt auf der Winkelhalbierenden w_α.

Die Winkelhalbierende w_α ist Symmetrieachse *(siehe Seite 13)* des Winkels α.

GERADEN UND WINKEL

*Gegeben: **schwarz** • Hilfslinien: **blau** • Gesucht: **rot*** **Grundkonstruktionen**

Mittelsenkrechte, Mittelpunkt einer Strecke $\overline{AB}$:

1) Kreise um A und B mit Radius r (beliebig, aber $r > \frac{1}{2}|\overline{AB}|$)
2) Schnittpunkte der beiden Kreise: S_1 und S_2
3) Gerade durch S_1 und S_2: Mittelsenkrechte m
4) Schnittpunkt von m und $\overline{AB}$: Mittelpunkt M

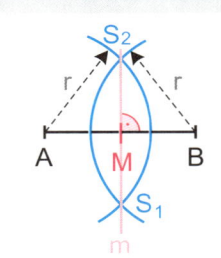

Senkrechte zu einer Geraden g im Punkt P auf g:

1) Kreis um P mit Radius r (beliebig)
2) Schnittpunkte des Kreises mit g: A und B
3) Mittelsenkrechte von $\overline{AB}$ *(siehe oben)*: Senkrechte h

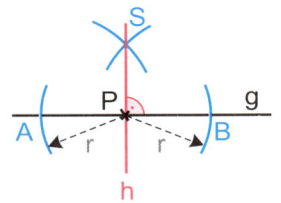

Lot auf eine Gerade g von Punkt P außerhalb g:

1) Kreis um P mit Radius r, der g zweimal schneidet
2) Schnittpunkte des Kreises mit g: A und B
3) Mittelsenkrechte von $\overline{AB}$ *(siehe oben)*: Senkrechte h
4) Schnittpunkt von g und h: Lotfußpunkt F
5) Strecke $\overline{PF}$: Lot von P auf g

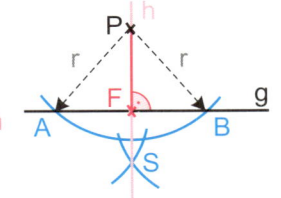

Parallele zu einer Geraden g durch Punkt P außerhalb g:

1) Senkrechte h auf g von P *(siehe oben)*
2) Senkrechte p zu Gerade h im Punkt P *(siehe oben)*

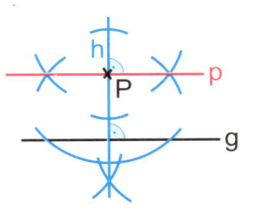

Winkelhalbierende eines Winkels α mit Scheitel A:

1) Kreis um Scheitel A mit Radius r_1 (beliebig)
2) Schnittpunkte des Kreises mit den Schenkeln von ∢α: B und C
3) Kreise um B und C mit Radius r_2 (beliebig, aber $r_2 > \frac{1}{2}|\overline{BC}|$)
4) Schnittpunkt der beiden Kreise: S
5) Strahl durch S mit Anfangspunkt A: Winkelhalbierende w_α

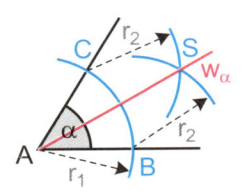

KONGRUENZABBILDUNGEN

Kongruenz *deckungsgleich • kongruent • Kongruenzabbildung*

Kann man zwei Figuren so aufeinanderlegen, dass sie exakt die gleiche Fläche bedecken, nennt man sie **deckungsgleich** oder **kongruent**. Kongruente Figuren haben gleiche Größe, gleiche Form und stimmen in den Maßen aller einander entsprechenden Seiten und Winkel überein. Für kongruente Figuren A und B schreibt man A ≅ B.

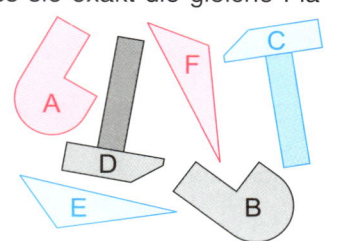

Im Bild gilt: A ≅ B, C ≅ D und E ≅ F.

Abbildungen, die jede Figur auf eine zu ihr kongruente Figur abbilden, heißen **Kongruenzabbildungen**.

Verschiebung *Verschiebungspfeil*

Eine Abbildung, bei der jeder Punkt einer Figur um dieselbe Länge in dieselbe Richtung verschoben wird, heißt **Verschiebung**. Eine Verschiebung wird durch **Verschiebungspfeile** festgelegt, die **gleich lang, parallel und gleich orientiert** sind.

Eine Verschiebung bildet Strecken auf parallele Strecken gleicher Länge ab. Jeder Winkel der Bildfigur hat das gleiche Maß und den gleichen Drehsinn wie der entsprechende Winkel der Originalfigur. Figur und Bildfigur sind kongruent.

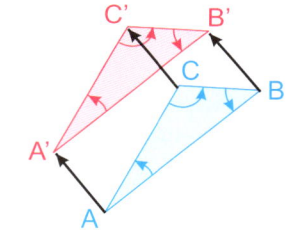

Konstruktion:

Das Viereck ABCD soll mit dem Verschiebungspfeil v verschoben werden:

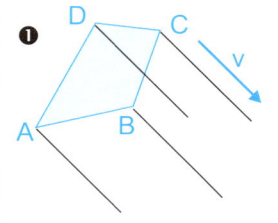

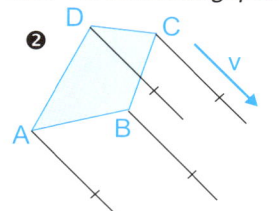

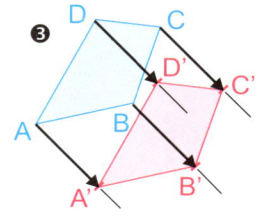

1. Zeichnen der Parallelen zu v durch A, B, C und D in Richtung der Pfeilspitze von v
2. Abtragen der Länge von v auf den Parallelen von A, B, C und D aus
3. Zeichnen der Verschiebungspfeile AA', BB', CC' und DD' und verbinden von A', B', C' und D'

KONGRUENZABBILDUNGEN

Drehwinkel • Drehzentrum • Links-/Rechtsdrehung **Drehung**

Eine **Drehung** bildet einen Punkt P auf dem ersten Schenkel eines Winkels α auf denjenigen Punkt P' des zweiten Schenkels ab, der vom Scheitel Z den gleichen Abstand wie P hat. α heißt in diesem Zusammenhang **Drehwinkel**, der Scheitel Z **Drehzentrum**.

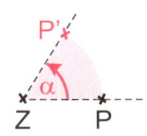

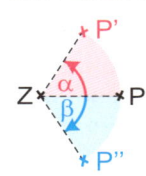

Im Bild sind α und β gleich groß. α ist gegen den Uhrzeigersinn gerichtet, β mit dem Uhrzeigersinn. α hat einen positiven, β einen negativen **Drehsinn**. Man nennt die Drehung um α **Linksdrehung**, die Drehung um β **Rechtsdrehung**. Ist kein Drehsinn angegeben, geht man vereinbarungsgemäß von einer Linksdrehung aus.

Eine Abbildung, bei der alle Punkte einer Figur durch Drehung um den **gleichen** Drehwinkel mit dem **gleichen** Drehzentrum abgebildet werden, heißt **Drehung**.

Eine Drehung bildet Strecken auf Strecken gleicher Länge ab. Jeder Winkel der Bildfigur hat das gleiche Maß und den gleichen Drehsinn wie der entsprechende Winkel der Originalfigur. Figur und Bildfigur sind kongruent.

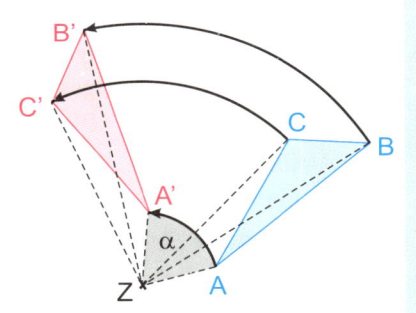

Konstruktion:

Der Punkt P soll um das Drehzentrum Z mit dem Winkel α gedreht werden:

1. Zeichnen des Strahles ZP
2. Antragen des Drehwinkels α an den Strahl ZP
3. Zeichnen eines Kreises um Z durch P

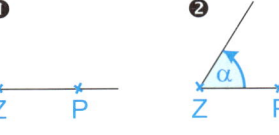

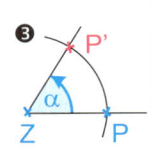

Der Schnittpunkt des Kreises mit dem zweiten Schenkel von α ist der Bildpunkt P'.

Halbdrehung **Punktspiegelung**

Eine Drehung mit dem Drehwinkel α = 180° bezeichnet man als **Halbdrehung** oder **Punktspiegelung**.

Bei einer Punktspiegelung liegen Originalpunkt, Bildpunkt und das Drehzentrum Z auf einer Geraden. Originalpunkt und Bildpunkt liegen auf verschiedenen Seiten von Z.

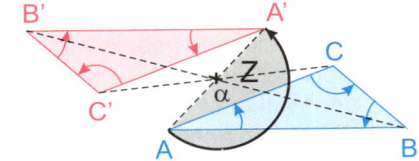

KONGRUENZABBILDUNGEN

Achsenspiegelung — *Geradenspiegelung • Spiegelachse • Fixpunkt • doppelte Achsenspiegelung*

Im Bild liegen Originalpunkt P und Bildpunkt P' auf einer Senkrechten zur Geraden g und haben den gleichen Abstand a von g. Man sagt: Der Punkt P wird an g gespiegelt.

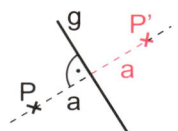

Eine Abbildung, bei der alle Punkte einer Figur an **derselben** Geraden gespiegelt werden, heißt Achsenspiegelung oder Geradenspiegelung. Die Gerade g heißt Spiegelachse. Punkte auf der Spiegelachse werden auf sich selbst abgebildet. Solche Punkte nennt man Fixpunkte der Spiegelung. Im Bild ist A ein Fixpunkt.

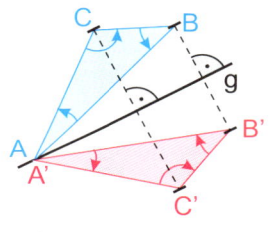

Eine Achsenspiegelung bildet Strecken auf Strecken gleicher Länge ab. Jeder Winkel der Bildfigur hat das gleiche Maß, aber den **entgegengesetzten** Drehsinn wie der entsprechende Winkel der Originalfigur. Originalfigur und Bildfigur sind kongruent.

Konstruktion:

Der Punkt P soll an der Geraden g gespiegelt werden:

1. Zeichnen der Senkrechten zu g durch P
2. Kreis um den Schnittpunkt F der beiden Geraden mit dem Radius r = $|\overline{FP}|$

Der zweite Schnittpunkt des Kreises mit der Senkrechten zu g ist der Bildpunkt P'.

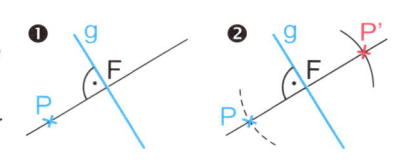

Von einer doppelten Achsenspiegelung spricht man, wenn eine Figur zunächst an einer Geraden g und dann das Bild an einer zweiten Geraden h gespiegelt wird.

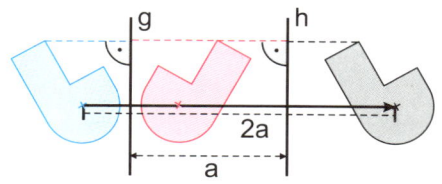

Sind g und h parallel, so erhält man das gleiche Ergebnis wie bei einer Verschiebung.

(Bild oben). Der Verschiebungspfeil steht senkrecht auf den beiden Spiegelachsen und ist doppelt so lang wie ihr Abstand.

Schneiden sich g und h im Punkt Z, so erhält man das gleiche Ergebnis wie bei einer Drehung *(Bild rechts).* Der Drehwinkel ist doppelt so groß wie der Winkel α = ∢(g, h), unter dem sich die beiden Spiegelachsen schneiden.

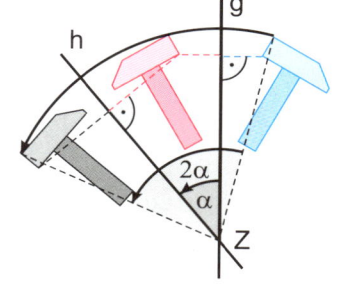

KONGRUENZABBILDUNGEN

Symmetriezentrum **Drehsymmetrie**

Eine Figur, die man durch eine Drehung um einen Winkel $\alpha \neq 360°$ auf sich selbst abbilden kann, nennt man **drehsymmetrisch**. Das Drehzentrum heißt **Symmetriezentrum**.

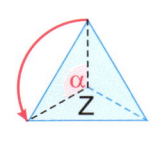

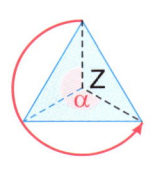

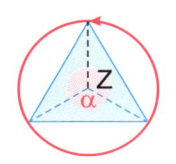

Beispiel:

Die Figur links ist drehsymmetrisch. Sie wird bei Drehungen von 120° und 240° um Z mit sich selbst zur Deckung gebracht.

Hinweis: Jede Figur wird bei einer Drehung um 360° auf sich selbst abgebildet *(siehe letztes Bild)*. Deshalb wird vereinbart $\alpha \neq 360°$.

Symmetriezentrum **Punktsymmetrie**

Eine Figur, die man durch eine Punktspiegelung auf sich selbst abbilden kann, nennt man **punktsymmetrisch**. Das Drehzentrum heißt **Symmetriezentrum**.

Beispiele:

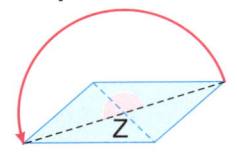

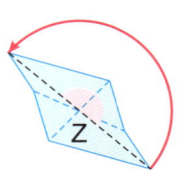

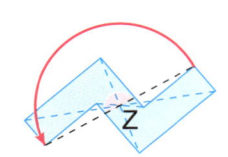

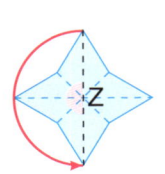

Symmetrieachse **Achsensymmetrie**

Eine Figur, die man durch eine Achsenspiegelung auf sich selbst abbilden kann, nennt man **achsensymmetrisch**. Die Spiegelachse a heißt **Symmetrieachse**.

Hinweis: Eine Figur kann mehrere Symmetrieachsen besitzen *(siehe die beiden letzten Beispiele)*.

Beispiele:

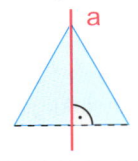

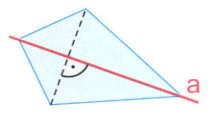

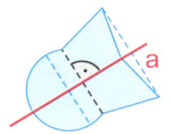

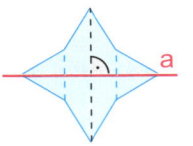

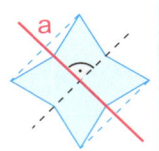

13

DREIECKE

Bezeichnungen am Dreieck

Eckpunkt • Seite • Innenwinkel • Außenwinkel • spitzwinkliges Dreieck • stumpfwinkliges Dreieck • rechtwinkliges Dreieck • Kathete • Hypotenuse

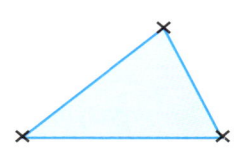

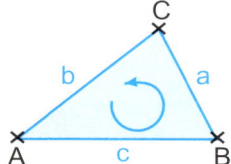

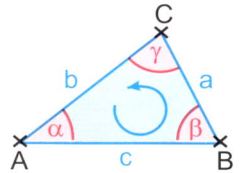

Die Strecken zwischen drei Punkten, die nicht auf einer Geraden liegen, bilden ein **Dreieck**. Die Punkte heißen **Eckpunkte**, die Strecken heißen **Seiten** des Dreiecks. Die von den drei Seiten eingeschlossene Fläche heißt **Inneres** des Dreiecks. Je zwei Seiten schließen einen Winkel ein, der im Inneren des Dreiecks liegt. Diese drei Winkel nennt man **Innenwinkel** des Dreiecks.

Eckpunkte, Seiten und Winkel werden **entgegen** dem Uhrzeigersinn in alphabetischer Reihenfolge beschriftet. Die einem Punkt gegenüberliegende Seite wird meistens mit dem gleichen (kleinen) Buchstaben bezeichnet wie der Punkt.

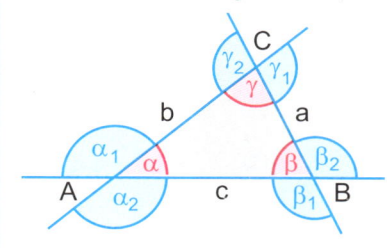

Verlängert man die Seiten eines Dreiecks über die Eckpunkte hinaus zu Geraden, so erhält man zu jedem Innenwinkel zwei Nebenwinkel. Diese Nebenwinkel heißen **Außenwinkel**.

Im Bild links ist zum Beispiel α_1 ein Außenwinkel von α. Man nennt α den **anliegenden Innenwinkel** von α_1. Die beiden anderen Innenwinkel – hier β und γ – heißen **nicht anliegende Innenwinkel** von α_1.

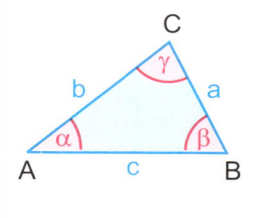

Ein Dreieck, das nur spitze Innenwinkel besitzt, nennt man **spitzwinkliges Dreieck**.

Ist ein Innenwinkel größer als 90°, heißt das Dreieck **stumpfwinklig**.

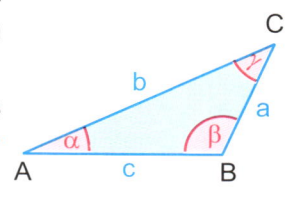

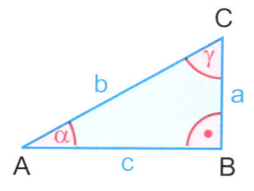

Ein Dreieck mit einem rechten Innenwinkel nennt man **rechtwinkliges Dreieck**. Die dem rechten Winkel anliegenden Seiten heißen **Katheten**, die dem rechten Winkel gegenüberliegende Seite heißt **Hypotenuse**. Die Hypotenuse ist die längste Seite eines rechtwinkligen Dreiecks.

DREIECKE

$a + b > c$ und $a + c > b$ und $b + c > a$ **Dreiecksungleichung**

In jedem Dreieck sind zwei Seiten zusammen länger als die dritte Seite.
Diesen Satz bezeichnet man als **Dreiecksungleichung**. Mit seiner Hilfe lässt sich überprüfen, ob drei gegebene Strecken ein Dreieck bilden können. Dazu reicht es, die Summe der beiden kleineren Seitenlängen zu bilden.

Beispiele:
1) gegeben: $a = 4$ cm; $b = 5$ cm; $c = 6$ cm
   Rechnung: $a + b = 9$ cm > 6 cm
   Die gegebenen Strecken können ein Dreieck bilden.
2) gegeben: $a = 7$ cm; $b = 2$ cm; $c = 4$ cm
   Rechnung: $b + c = 6$ cm < 7 cm
   Die gegebenen Strecken können kein Dreieck bilden.

$\alpha + \beta + \gamma = 180°$ **Innenwinkelsumme**

In jedem Dreieck beträgt die Summe der Innenwinkel 180°.
Kennt man zwei der drei Innenwinkel eines Dreiecks, lässt sich mithilfe dieses **Innenwinkelsummensatzes** der dritte Winkel berechnen.

Insbesondere ergibt sich aus dem Innenwinkelsummensatz:

Im rechtwinkligen Dreieck *(siehe Seite 14)* ergänzen sich die beiden Winkel an der Hypotenuse zu 90°.

Im gleichseitigen Dreieck *(siehe Seite 18)* ist jeder Innenwinkel 60° groß.

Beispiel:
gegeben: $\alpha = 12°$; $\beta = 83°$; gesucht: γ
Es gilt: $\alpha + \beta + \gamma = 180°$; also: $\gamma = 180° - 12° - 83°$ **$= 85°$**

$\alpha_1 = \beta + \gamma$ und $\beta_1 = \alpha + \gamma$ und $\gamma_1 = \alpha + \beta$ **Außenwinkelsatz**

Jeder Außenwinkel eines Dreiecks ist so groß wie die Summe der beiden nicht anliegenden Innenwinkel.

Beispiel:
gegeben: $\alpha = 12°$; $\beta = 83°$; gesucht: γ, Außenwinkel α_1, β_1, γ_1
Es gilt: $\alpha + \beta + \gamma = 180°$ (Innenwinkelsummensatz)
also: $\gamma = 180° - 12° - 83°$ **$= 85°$**
$\alpha_1 = \beta + \gamma$ **$= 168°$**; $\beta_1 = \alpha + \gamma$ **$= 97°$**; $\gamma_1 = \alpha + \beta$ **$= 95°$**

DREIECKE

Seitenhalbierende — s_a, s_b, s_c • Schwerpunkt

Die Strecke zwischen einem Eckpunkt eines Dreiecks und dem Mittelpunkt der ihm gegenüberliegenden Seite nennt man eine **Seitenhalbierende** des Dreiecks. Die zu den Seiten a, b und c gehörigen Seitenhalbierenden bezeichnet man mit s_a, s_b und s_c.

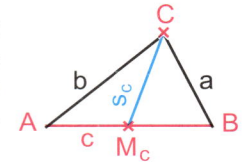

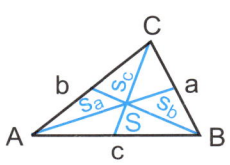

Alle Seitenhalbierenden eines Dreiecks schneiden sich in einem Punkt **S**, dem **Schwerpunkt** des Dreiecks.

Der Schwerpunkt eines Dreiecks teilt jede der drei Seitenhalbierenden vom Eckpunkt aus gesehen im Verhältnis 2:1.

Für die Seitenhalbierende s_a im Bild rechts gilt also:

$|\overline{AS}| = \frac{2}{3} s_a$ und $|\overline{SM_a}| = \frac{1}{3} s_a$

Die gleiche Beziehung gilt auch für die Seitenhalbierenden s_b und s_c.

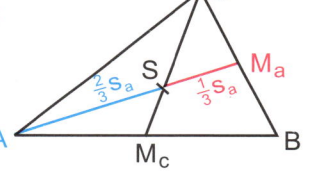

Mittelsenkrechte — m_a, m_b, m_c • Umkreis

Die Senkrechten in den Mittelpunkten der drei Dreiecksseiten nennt man die **Mittelsenkrechten** des Dreiecks und bezeichnet sie mit **m_a, m_b** und **m_c**.

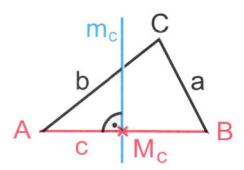

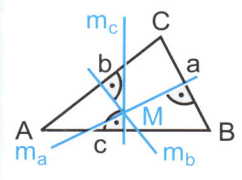

Die drei Mittelsenkrechten eines Dreiecks schneiden sich in einem Punkt M. Um M lässt sich ein Kreis zeichnen, auf dem alle Eckpunkte des Dreiecks liegen. Er heißt **Umkreis** des Dreiecks. Seinen Radius bezeichnet man mit r.

In spitzwinkligen Dreiecken liegt der Umkreismittelpunkt innerhalb des Dreiecks, in stumpfwinkligen außerhalb. Ist das Dreieck rechtwinklig, so liegt er auf der Hypotenuse.

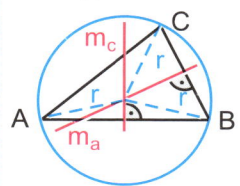

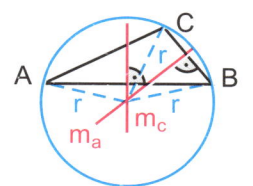

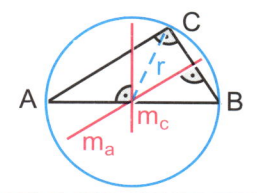

DREIECKE

h_a, h_b, h_c — Höhen

Das Lot von einem Eckpunkt des Dreiecks auf die durch die beiden anderen Eckpunkte gehende Gerade nennt man eine **Höhe** des Dreiecks. Die Höhen über den Seiten a, b und c bzw. deren Verlängerungen bezeichnet man mit h_a, h_b und h_c.

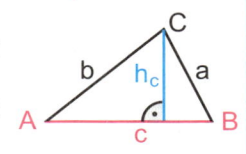

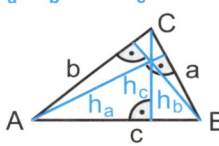

Alle Höhen eines Dreiecks beziehungsweise deren Verlängerungen schneiden sich in einem Punkt. In spitzwinkligen Dreiecken liegen alle Höhen sowie deren Schnittpunkt innerhalb des Dreiecks.

In rechtwinkligen Dreiecken ist die eine Kathete jeweils die Höhe über der anderen Kathete. Der Schnittpunkt liegt im Scheitel des rechten Winkels.

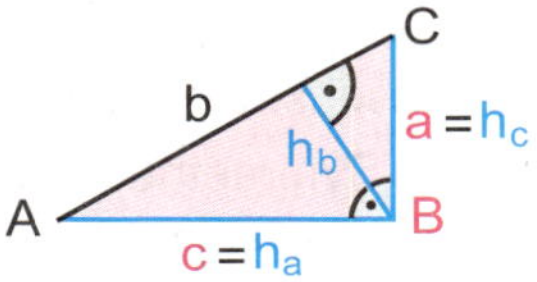

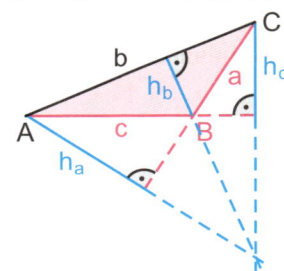

In stumpfwinkligen Dreiecken liegen zwei Höhen außerhalb des Dreiecks. Um sie zu konstruieren, sind die beiden Schenkel des stumpfen Winkels über den Scheitel hinaus zu verlängern. Der Schnittpunkt der Verlängerungen der Höhen liegt außerhalb des Dreiecks.

w_α, w_β, w_γ • Inkreis • ρ — Winkelhalbierende

Die Winkelhalbierenden der Innenwinkel α, β und γ eines Dreiecks heißen **Winkelhalbierende des Dreiecks**. Man bezeichnet sie mit w_α, w_β und w_γ.

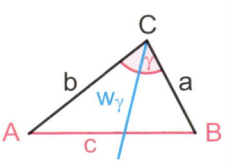

Hinweis: Wenn von der **Länge** einer Winkelhalbierenden die Rede ist, so ist damit der Abschnitt der Winkelhalbierenden **innerhalb** des Dreiecks gemeint.

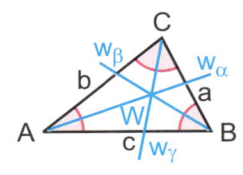

Die Winkelhalbierenden eines Dreiecks schneiden sich in einem Punkt W. Dieser Punkt hat von allen Seiten des Dreiecks den gleichen Abstand. Man kann um ihn also einen Kreis zeichnen, der alle drei Seiten berührt. Dieser Kreis heißt **Inkreis** des Dreiecks. Seinen Radius bezeichnet man mit ρ, gelesen „rho".

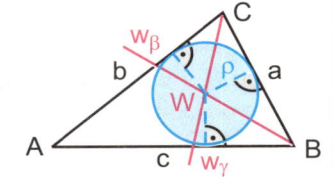

DREIECKE

Gleichschenkliges Dreieck
Schenkel • Basis • Basiswinkel

Ein Dreieck mit mindestens zwei gleich langen Seiten heißt **gleichschenkliges Dreieck**.

Die beiden gleich langen Seiten nennt man **Schenkel**, die dritte Seite **Basis**. Die beiden Winkel an der Basis heißen **Basiswinkel**.

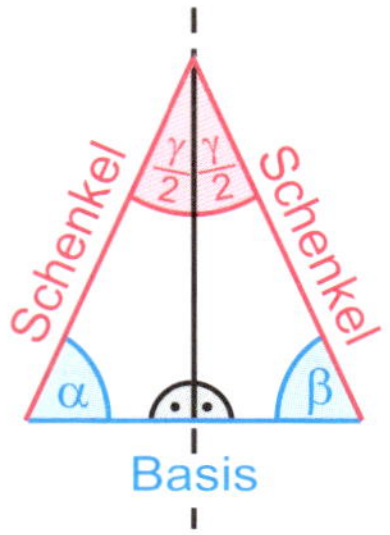

In jedem gleichschenkligen Dreieck gilt:
- Die beiden Basiswinkel sind gleich groß.
- Das Dreieck ist achsensymmetrisch. Die Symmetrieachse ist die Mittelsenkrechte der Basis.
- Die Symmetrieachse ist die Winkelhalbierende des dritten Winkels.
- Das innerhalb des Dreiecks gelegene Stück der Symmetrieachse ist zugleich Höhe und Seitenhalbierende der Basis.

Gleichseitiges Dreieck

Ein Dreieck mit drei gleich langen Seiten heißt **gleichseitiges Dreieck**.

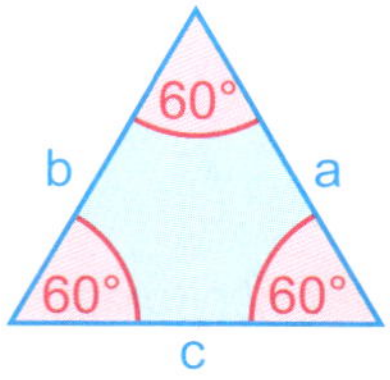

In jedem gleichseitigen Dreieck gilt: 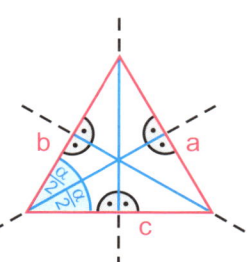
- $a = b = c$
- Jeder Innenwinkel beträgt 60°.
- Das Dreieck ist dreifach achsensymmetrisch. Die drei Symmetrieachsen sind die drei Mittelsenkrechten des Dreiecks.
- Die Symmetrieachsen sind die Winkelhalbierenden der Innenwinkel.
- Die innerhalb des Dreiecks gelegenen Stücke der Symmetrieachsen sind zugleich Höhen und Seitenhalbierende der entsprechenden Seiten.
- Ein gleichseitiges Dreieck ist drehsymmetrisch. Es wird bei Drehungen um $\alpha = 120°$ oder $\alpha = 240°$ mit sich selbst zur Deckung gebracht. Das Drehzentrum Z ist der Schwerpunkt des Dreiecks.

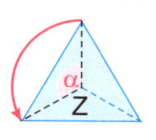

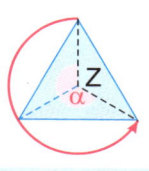

DREIECKE

Dreieckskonstruktionen **Kongruenzsätze**

Strecken und Winkel sind deckungsgleich, also kongruent, wenn sie maßgleich sind. Geradlinig begrenzte Figuren sind kongruent, wenn sie in den Maßen aller entsprechenden Seiten und Winkel übereinstimmen.

Kennt man also die drei Seitenlängen und die drei Winkel eines Dreiecks, so ist das Dreieck bis auf seine Lage eindeutig festgelegt. Anders gesagt: Zwei Dreiecke, die sowohl in den Längen ihrer drei Seiten als auch in den Maßen ihrer drei Winkel übereinstimmen, sind kongruent.

Um zwei Dreiecke auf Kongruenz zu prüfen, braucht man aber nicht alle sechs Stücke zu vergleichen. Oft reichen sogar drei Stücke. So sind zum Beispiel zwei Dreiecke kongruent, wenn die entsprechenden Seiten gleich lang sind *(Bild 1)*.

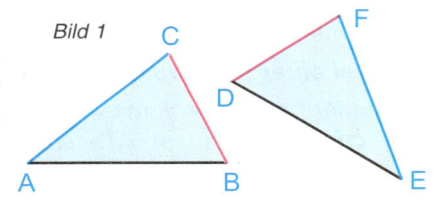

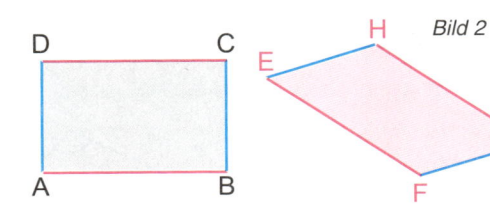

Bild 2

Ein vergleichbarer Zusammenhang besteht bei Vierecken nicht. So sind zwar die entsprechenden Seiten der beiden Vierecke in *Bild 2* gleich lang, die Vierecke sind aber nicht kongruent.

Sind alle entsprechenden Winkel zweier Dreiecke maßgleich, lässt sich nicht ohne Weiteres auf Kongruenz schließen. So haben beide Dreiecke in *Bild 3* zwar gleich große Winkel, die Dreiecke sind aber nicht kongruent.

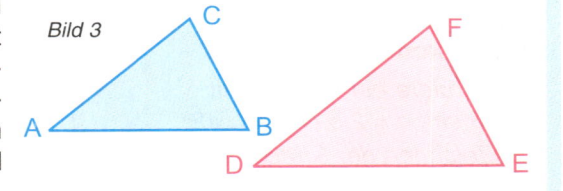

Die **Kongruenzsätze** für Dreiecke geben darüber Auskunft, welche drei Stücke ein Dreieck bis auf seine Lage eindeutig festlegen. Mit diesen drei Stücken lässt sich das Dreieck dann konstruieren. Man spricht in diesem Zusammenhang von **Dreieckskonstruktionen**.

Die drei Stücke, die ein Dreieck bis auf seine Lage eindeutig festlegen, müssen nicht immer Seitenlängen oder Winkel sein. Oft reicht auch die Kenntnis der Länge einer Seitenhalbierenden, einer Winkelhalbierenden, einer Höhe, des Inkreis- oder Umkreisradius. Es müssen aber mindestens drei Stücke bekannt sein, um ein Dreieck bis auf seine Lage eindeutig zeichnen zu können.

DREIECKE

Kongruenzsatz SSS

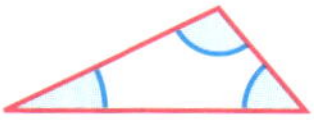

Dreiecke sind kongruent, wenn entsprechende Seiten gleich lang sind.

Musterkonstruktion SSS:

Konstruiere ein Dreieck mit:
a = 2 cm; b = 3 cm; c = 2,5 cm
1. Zeichnen der Strecke $\overline{AB} = c$
2. Kreis um A mit Radius r = b
3. Kreis um B mit Radius r = a
   Schnittpunkt der beiden Kreise: C

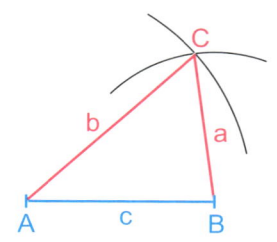

Beispiel einer Konstruktion mit Teildreieck:

Konstruiere ein Dreieck mit:
a = 2 cm; c = 2,5 cm; s_c = 1,9 cm
1. Zeichnen der Strecke $\overline{AB} = c$
2. Konstruktion des Mittelpunktes M_c der Strecke $\overline{AB}$
3. Konstruktion von $\triangle M_c BC$ nach Kongruenzsatz SSS

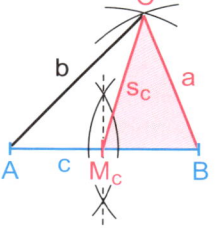

Kongruenzsatz SWS

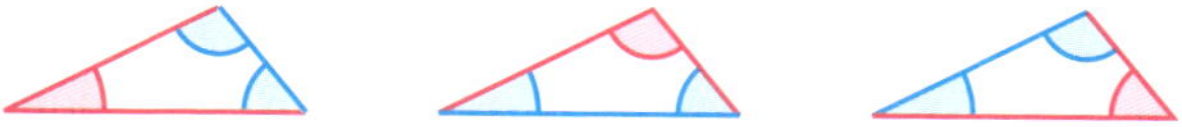

Dreiecke sind kongruent, wenn sie in zwei Seiten und dem von ihnen eingeschlossenen Winkel übereinstimmen.

Musterkonstruktion SWS:

Konstruiere ein Dreieck mit:
b = 3 cm; c = 2,5 cm; α = 42°
1. Zeichnen der Strecke $\overline{AB} = c$
2. Winkel α an $\overline{AB}$ in A
3. Abtragen der Länge von b auf dem freien Schenkel von α ; Endpunkt: C

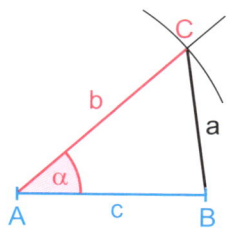

Beispiel einer Konstruktion mit Teildreieck:

Konstruiere ein Dreieck mit: c = 2,5 cm; α = 42°; $w_α$ = 2,6 cm
1. Zeichnen der Strecke $\overline{AB} = c$
2. Winkel α an $\overline{AB}$ in A
3. Konstruktion von $w_α$; Endpunkt: $W_α$
4. Strahl von B durch $W_α$;
   Schnittpunkt mit dem freien Schenkel von α: C

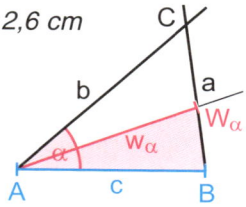

DREIECKE

Kongruenzsatz WSW

Dreiecke sind kongruent, wenn sie in einer Seite und den beiden ihr anliegenden Winkeln übereinstimmen.

Musterkonstruktion WSW:

Konstruiere ein Dreieck mit: c = 2,5 cm; α = 42°; β = 66°
1. Zeichnen der Strecke $\overline{AB}$ = c
2. Winkel α an $\overline{AB}$ in A
3. Winkel β an $\overline{AB}$ in B; Schnittpunkt der beiden freien Schenkel von α und β: C

Beispiel einer Konstruktion mit Teildreieck:

Konstruiere ein Dreieck mit: b = c; h_a = 2,6 cm; α = 42°
1. Winkel α mit Scheitel A
2. Winkelhalbierende von α mit Länge h_a; Endpunkt: M
3. Senkrechte zu h_a in M; Schnittpunkte mit den beiden freien Schenkeln von α: B und C

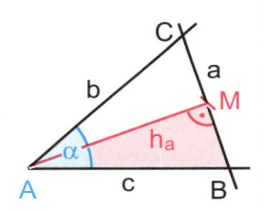

Hinweis: Wegen b = c ist das Dreieck gleichschenklig. Die Höhe h_a ist also gleichzeitig die Winkelhalbierende von α.

Kongruenzsatz SWW

Dreiecke sind kongruent, wenn sie in einer Seite, einem anliegenden und dem nicht anliegenden Winkel übereinstimmen.

Musterkonstruktion SWW:

Konstruiere ein Dreieck mit: c = 2,5 cm; α = 42°; γ = 75°
1. Zeichnen der Strecke $\overline{AB}$ = c
2. Winkel α an $\overline{AB}$ in A
3. Hilfswinkel γ' = γ in einem beliebigen Punkt C' auf dem freien Schenkel von α
4. Parallele zum freien Schenkel von γ' durch B; Schnittpunkt mit dem freien Schenkel von α: C

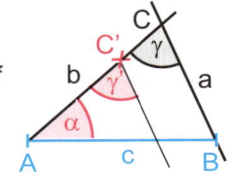

Hinweis: Da die Winkel α und γ bekannt sind, kann man den Winkel β berechnen: β = 180° − α − γ. Das gesuchte Dreieck lässt sich also auch mithilfe des Kongruenzsatzes WSW konstruieren. Da man hier ohne Hilfslinien auskommt, ist dies erheblich einfacher.

Die Kongruenzsätze SWW und WSW lassen sich mithilfe des Innenwinkelsatzes aufeinander zurückführen.

DREIECKE

Kongruenzsatz SsW

Dreiecke sind kongruent, wenn sie in zwei Seiten und dem der größeren der beiden Seiten gegenüberliegenden Winkel übereinstimmen.

Musterkonstruktion SsW:

Konstruiere ein Dreieck mit:
$a = 1{,}7$ cm; $b = 2{,}4$ cm; $\beta = 66°$
1. Zeichnen der Strecke $\overline{BC} = a$
2. Winkel β an $\overline{BC}$ in B
3. Kreis um C mit Radius $r = b$; Schnittpunkt mit dem freien Schenkel von β: A

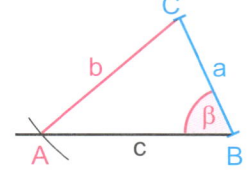

Beispiel einer Konstruktion mit Teildreieck:

Konstruiere ein Dreieck mit: $a = 1{,}7$ cm; $s_a = 2{,}3$ cm; $\beta = 66°$
1. Zeichnen der Strecke $\overline{BC} = a$
2. Konstruktion des Mittelpunktes M_a der Strecke $\overline{BC}$
3. Konstruktion von $\triangle ABM_a$ nach Kongruenzsatz SsW

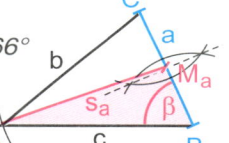

Beweisen mit den Kongruenzsätzen

Bestimmte Eigenschaften von Strecken oder Winkeln lassen sich oft mithilfe der Kongruenzsätze beweisen. Man geht so vor:
1. Aufschreiben der Voraussetzungen und der Behauptung
2. Skizzieren des Dreiecks und Auswählen geeigneter Teildreiecke
3. Nachweis der Kongruenz der Teildreiecke und Beweis der Behauptung

Beispiel:

Beweise, dass ein Dreieck mit zwei gleich langen Höhen gleichschenklig ist.
1. Voraussetzung: $h_b = h_c$; Behauptung: $b = c$
2. siehe Bild; geeignete Teildreiecke: $\triangle ABF_b$ und $\triangle CAF_c$
3. Beweis:
   $h_b = h_c$ (nach Voraussetzung)
   $\angle CF_cA = \angle AF_bB = 90°$ (da $h_c \perp c$ und $h_b \perp b$)
   $\angle F_cAC = \angle BAF_b = \alpha$ (gemeinsamer Winkel)
   $\angle F_cCA = \angle ABF_b$ (nach Innenwinkelsatz)
   Die beiden Dreiecke stimmen in einer Seite und den beiden anliegenden Winkeln überein. Daraus folgt nach Kongruenzsatz WSW: $\triangle ABF_b \cong \triangle CAF_c$; also auch: $c = b$

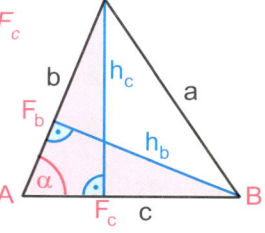

DREIECKE

$U = a + b + c$ **Umfang**

Der Umfang U eines Dreiecks ist die Summe der Längen der drei Seiten.
Für ein Dreieck mit den Seitenlängen a, b und c bedeutet dies: **$U = a + b + c$**

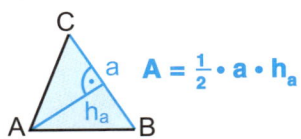

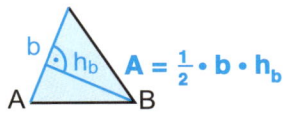

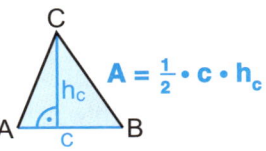

Spezialfälle:
Gleichseitiges Dreieck mit der Seitenlänge a: **$U = 3a$**
Gleichschenkliges Dreieck mit a = b: **$U = 2a + c$**

Beispiele:
1) Dreieck mit a = 4 cm; b = 3,5 cm; c = 4,8 cm:
   $U = 4\ cm + 3,5\ cm + 4,8\ cm$ **= 12,3 cm**
2) gleichseitiges Dreieck mit a = 2,4 cm: $U = 3 \cdot 2,4\ cm$ **= 7,2 cm**
3) gleichschenkliges Dreieck mit a = b = 3,5 cm; c = 6 cm:
   $U = 2 \cdot 3,5\ cm + 6\ cm$ **= 13 cm**

$A = \frac{1}{2} \cdot g \cdot h_g$ **Flächeninhalt**

Die Seiten eines Dreiecks nennt man auch Grundlinien. Der Flächeninhalt A eines Dreiecks mit der Grundlinie g und der zugehörigen Höhe h_g ist genauso groß wie der Flächeninhalt eines Rechtecks mit den Seiten g und $\frac{1}{2} h_g$. Es gilt also: **$A = \frac{1}{2} \cdot g \cdot h_g$**

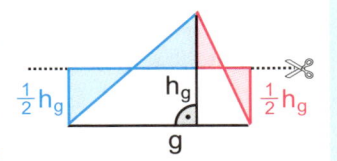

Für ein Dreieck mit den Seitenlängen a, b und c bedeutet dies:

$A = \frac{1}{2} \cdot a \cdot h_a$ $A = \frac{1}{2} \cdot b \cdot h_b$ $A = \frac{1}{2} \cdot c \cdot h_c$

Spezialfälle:
Rechtwinkliges Dreieck mit den Katheten a und b: $A = \frac{1}{2} \cdot a \cdot b$
Gleichseitiges Dreieck mit der Seitenlänge a:
(siehe Seite 24, Beispiel 3) $A = \frac{1}{4} \cdot a^2 \cdot \sqrt{3}$

Beispiele:
1) Dreieck mit c = 5 cm; h_c = 4 cm: $A = \frac{1}{2} \cdot 5\ cm \cdot 4\ cm$ **= 10 cm²**
2) rechtwinkliges Dreieck mit den Katheten a = 6 cm und b = 4,8 cm:
   $A = \frac{1}{2} \cdot 6\ cm \cdot 4,8\ cm$ **= 14,4 cm²**
3) gleichseitiges Dreieck mit a = 2,4 cm:
   $A = \frac{1}{4} \cdot (2,4\ cm)^2 \cdot \sqrt{3}$ **= 1,44 · $\sqrt{3}$ cm²** ≈ 2,49 cm²

DREIECKE

Satz des Pythagoras $a^2 + b^2 = c^2$

In jedem rechtwinkligen Dreieck haben die Quadrate über den Katheten zusammen den gleichen Flächeninhalt wie das Quadrat über der Hypotenuse.

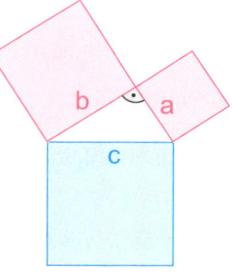

Für ein rechtwinkliges Dreieck mit den Katheten a und b und der Hypotenuse c gilt also: $a^2 + b^2 = c^2$.

Mit dem Satz des Pythagoras lässt sich die Länge der dritten Seite eines rechtwinkligen Dreiecks berechnen, wenn die beiden anderen Seitenlängen bekannt sind *(Beispiele 1 und 2)*. In anderen Figuren lassen sich oft Teilstücke berechnen, wenn man die Figur in geeignete rechtwinklige Teildreiecke zerlegt *(Beispiel 3)*.

Beispiele:

1) 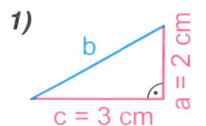
$b^2 = a^2 + c^2$
$b^2 = (2\ cm)^2 + (3\ cm)^2$
$b^2 = 13\ cm^2$
$b = \sqrt{13}$ cm ≈ 3,6 cm

2) 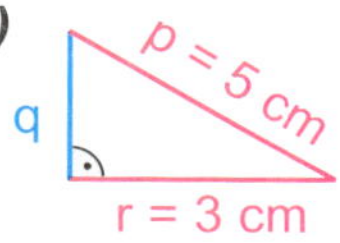
$p^2 = q^2 + r^2$
$q^2 = p^2 - r^2$
$q^2 = (5\ cm)^2 - (3\ cm)^2$
$q^2 = 16\ cm^2$
$q = 4\ cm$

3) 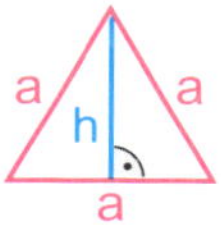
$a^2 = h^2 + \left(\frac{a}{2}\right)^2$
$h^2 = a^2 - \left(\frac{a}{2}\right)^2$
$h^2 = \frac{3}{4} a^2$
$h = \frac{1}{2} a\sqrt{3}$

Höhensatz   *Hypotenusenabschnitt* $h^2 = q \cdot p$

In einem rechtwinkligen Dreieck wird die Hypotenuse durch die zugehörige Höhe in zwei Teilstrecken zerlegt. Diese beiden Teilstrecken heißen **Hypotenusenabschnitte**. Man bezeichnet sie meistens mit **q** und **p**. Es gilt der Satz:

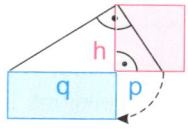

In jedem rechtwinkligen Dreieck hat das Quadrat über der Höhe den gleichen Flächeninhalt wie das Rechteck aus den beiden Hypotenusenabschnitten: $h^2 = q \cdot p$

Beispiel:

gegeben: $h = 3\ cm;\ p = 2\ cm;\ \gamma = 90°$ gesucht: q und c
Es gilt: $h^2 = q \cdot p$;   also: $q = \frac{h^2}{p}$
$q = \frac{(3\ cm)^2}{2\ cm} = 4{,}5\ cm$; $c = q + p$;   **$c = 4{,}5\ cm + 2\ cm = 6{,}5\ cm$**

DREIECKE

Kathetensatz

$$a^2 = c \cdot p \text{ und } b^2 = c \cdot q$$

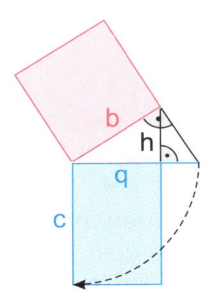

In jedem rechtwinkligen Dreieck hat das Quadrat über einer Kathete den gleichen Flächeninhalt wie das Rechteck aus der Hypotenuse und dem anliegenden Hypotenusenabschnitt.

Für ein rechtwinkliges Dreieck mit den Katheten a und b und der Hypotenuse c gilt also:

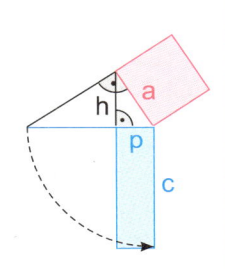

$$a^2 = c \cdot p \text{ und } b^2 = c \cdot q$$

Beispiel: gegeben: $a = 3$ cm; $p = 2$ cm; $\gamma = 90°$ gesucht: c, q und b

Es gilt: $a^2 = c \cdot p$;   also: $c = \frac{a^2}{p}$; $c = \frac{(3 \text{ cm})^2}{2 \text{ cm}}$ **= 4,5 cm**

$c = q + p$;   also: $q = c - p$;   **q = 4,5 cm – 2 cm = 2,5 cm**

$b^2 = c \cdot q$; $b^2 = 4,5$ cm $\cdot$ 2,5 cm = 11,25 cm² ;   **b ≈ 3,4 cm**

Flächenumwandlungen

Flächensätze am rechtwinkligen Dreieck

Oft werden die **Flächensätze am rechtwinkligen Dreieck (Satz des Pythagoras, Höhensatz, Kathetensatz)** benutzt, um Rechtecke oder Quadrate mit bestimmten Eigenschaften zu konstruieren.

Beispiele:

1) Verwandle ein Quadrat mit der Seitenlänge a in ein Quadrat mit doppeltem Flächeninhalt.

   Konstruktion:
   - Rechtwinkliges Dreieck mit den Katheten a und b = a
   - Quadrat über der Hypotenuse

2) Konstruiere ein Quadrat mit dem Flächeninhalt $A = 3$ cm².

   Konstruktion (hier mit Kathetensatz $a^2 = c \cdot p$):
   - Rechteck mit Flächeninhalt $A = c \cdot p$ (hier: c = 2 cm, p = 1,5 cm; auch möglich: c = 3 cm, p = 1 cm)
   - Abtragen von p auf c
   - Senkrechte im Endpunkt von p
   - Thaleskreis über c (siehe Seite 35)
   - Quadrat über der p anliegenden Kathete

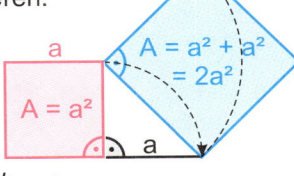

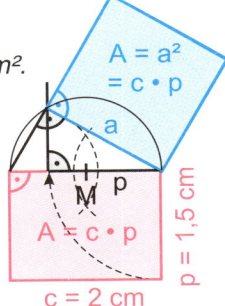

Vierecke und Vielecke

Vielecke / n-Ecke *Eckpunkt • Seite • Umfang • Diagonale • konvex • Innenwinkelsumme • regelmäßiges Vieleck*

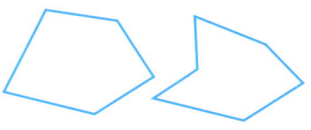

Zusammenhängende Strecken wie in den Bildern rechts nennt man **Vielecke**. Die Endpunkte der Strecken heißen Eckpunkte, die Strecken heißen Seiten des Vielecks. Ein **n-Eck** hat n Eckpunkte und n Seiten. Die Summe aller Seitenlängen ergibt den **Umfang** des Vielecks. Die von den Seiten eingeschlossene Fläche heißt Fläche des Vielecks.

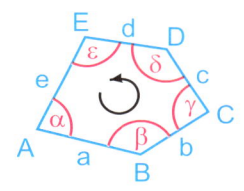

Eckpunkte, Seiten und Winkel werden **entgegen** dem Uhrzeigersinn in alphabetischer Reihenfolge beschriftet. Die Eckpunkte bezeichnet man mit großen lateinischen Buchstaben, die jeweils anliegenden Seiten (außer beim Dreieck, *siehe Seite 14*) mit den entsprechenden kleinen Buchstaben.

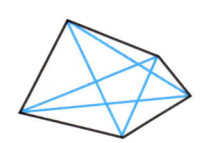

Eine Strecke zwischen zwei Eckpunkten eines n-Ecks, die keine Seite ist, heißt **Diagonale**. Liegen alle Diagonalen innerhalb des Vielecks wie im Bild links, so heißt das Vieleck **konvex**.

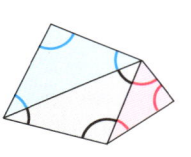

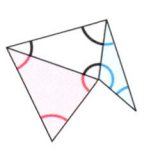

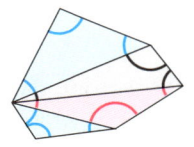

Die n-Ecke in den Bildern rechts lassen sich durch Einzeichnen von Diagonalen in (n – 2) Dreiecke zerlegen. Die Summe ihrer Innenwinkel beträgt also (n – 2) • 180°. Diese Beziehung gilt für jedes n-Eck:
In jedem n-Eck beträgt die Summe der Innenwinkel (n – 2) • 180°.

Ein Vieleck, dessen Seiten gleich lang und dessen Innenwinkel gleich groß sind, heißt **regelmäßiges Vieleck** oder regelmäßiges n-Eck. Alle Punkte eines regelmäßigen n-Ecks liegen auf einem Kreis, dem **Umkreis** des n-Ecks.

Ein regelmäßiges n-Eck lässt sich in n gleichschenklige Dreiecke zerlegen, deren Basis jeweils eine Seite des Vielecks ist und deren Spitze im Mittelpunkt des Umkreises liegt. Die Schenkel sind genauso groß wie der Radius des Kreises. Für den Mittelpunktswinkel α gilt: $\alpha = \frac{360°}{n}$. Die Größe jedes Innenwinkels beträgt $\beta = \frac{n-2}{n} \cdot 180°$.

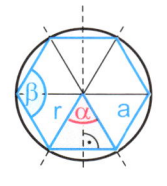

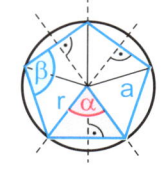

Jedes regelmäßige n-Eck ist drehsymmetrisch mit den Winkeln α, 2α, ... n • α und mehrfach achsensymmetrisch.

Hinweis: *Einige spezielle regelmäßige Vielecke finden sich auf Seite 33.*

VIERECKE UND VIELECKE

Innenwinkelsumme **Viereck**

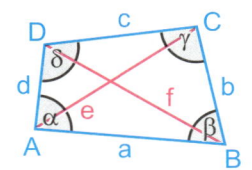

Ein Vieleck mit vier Seiten heißt **Viereck**. Jedes Viereck hat zwei Diagonalen. Die Seiten werden meistens mit a, b, c und d bezeichnet, die Winkel mit α, β, γ und δ, die Diagonalen mit e und f. Für jedes Viereck gilt:

Die Summe der Innenwinkel beträgt 360°.

$U = 4 \cdot a$ $A = a^2$ **Quadrat**

Ein **Quadrat** ist ein Viereck mit vier gleich langen Seiten und vier rechten Winkeln. Für jedes Quadrat gilt: 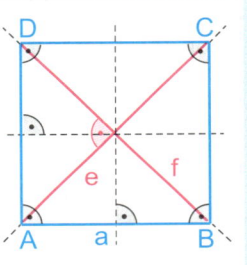
- Gegenüberliegende Seiten sind parallel.
- Die Diagonalen sind gleich lang und halbieren sich.
- Die Diagonalen stehen senkrecht aufeinander.
- Es ist vierfach achsensymmetrisch. Die Symmetrieachsen sind die Mittelsenkrechten der Seiten und die Diagonalengeraden.
- Es ist punktsymmetrisch zum Schnittpunkt der Diagonalen.
- Es ist drehsymmetrisch mit den Winkeln 90°, 180° und 270° und dem Schnittpunkt der Diagonalen als Drehzentrum.

Für Umfang U und Flächeninhalt A eines Quadrates mit der Seitenlänge a gilt:
$U = 4 \cdot a$ und **$A = a^2$**

$U = 2 \cdot a + 2 \cdot b = 2 \cdot (a + b)$ $A = a \cdot b$ **Rechteck**

Ein **Rechteck** ist ein Viereck mit vier rechten Winkeln. Für jedes Rechteck gilt: 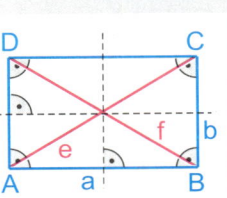
- Gegenüberliegende Seiten sind gleich lang.
- Gegenüberliegende Seiten sind parallel.
- Die Diagonalen sind gleich lang und halbieren sich.
- Es ist zweifach achsensymmetrisch. Die Symmetrieachsen sind die Mittelsenkrechten der Seiten.
- Es ist punktsymmetrisch zum Schnittpunkt der Diagonalen.

Für Umfang U und Flächeninhalt A eines Rechtecks mit den Seitenlängen a und b gilt: **$U = 2 \cdot a + 2 \cdot b = 2 \cdot (a + b)$** und **$A = a \cdot b$**

Vierecke und Vielecke

Parallelogramm $U = 2 \cdot a + 2 \cdot b = 2 \cdot (a + b)$ $A = g \cdot h_g$

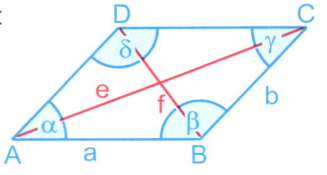

Ein Viereck mit zwei Paaren paralleler Seiten heißt **Parallelogramm**. Für jedes Parallelogramm gilt:
- Gegenüberliegende Seiten sind gleich lang.
- Gegenüberliegende Innenwinkel sind gleich groß.
- Nebeneinander liegende Innenwinkel ergänzen sich zu 180°.
- Die Diagonalen halbieren sich.
- Es ist punktsymmetrisch zum Schnittpunkt der Diagonalen.

Für den Umfang U eines Parallelogramms mit den Seitenlängen a und b gilt:
$U = 2 \cdot a + 2 \cdot b = 2 \cdot (a + b)$

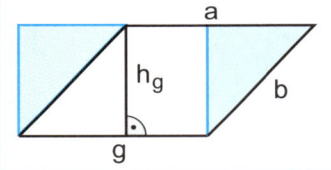

Der Flächeninhalt A eines Parallelogramms mit der Grundlinie g und der zugehörigen Höhe h_g ist genauso groß wie der Flächeninhalt eines Rechtecks mit den Seiten g und h_g. Es gilt also: **$A = g \cdot h_g$**

Raute / Rhombus $U = 4 \cdot a$ $A = \frac{1}{2} \cdot e \cdot f$

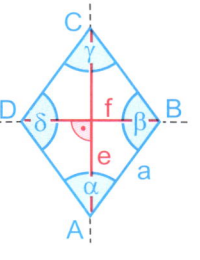

Ein Viereck mit vier gleich langen Seiten heißt **Raute** oder **Rhombus**. Für jede Raute gilt:
- Gegenüberliegende Seiten sind parallel.
- Gegenüberliegende Innenwinkel sind gleich groß.
- Nebeneinander liegende Innenwinkel ergänzen sich zu 180°.
- Die Diagonalen halbieren die Innenwinkel.
- Die Diagonalen stehen senkrecht aufeinander und halbieren sich.
- Sie ist doppelt achsensymmetrisch. Die Symmetrieachsen sind die beiden Diagonalengeraden.
- Sie ist punktsymmetrisch zum Schnittpunkt der Diagonalengeraden.

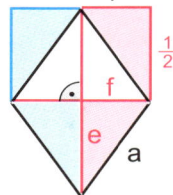

Für den Umfang U einer Raute mit der Seitenlänge a gilt:
$U = 4 \cdot a$

Der Flächeninhalt A einer Raute mit den Diagonalen e und f ist genauso groß wie der Flächeninhalt eines Rechtecks mit den Seiten $\frac{1}{2}$ e und f. Es gilt also: **$A = \frac{1}{2} \cdot e \cdot f$**

Vierecke und Vielecke

Trapez

Grundseiten • Schenkel • Höhe • Mittellinie
$U = a + b + c + d$ $A = m \cdot h$

Ein Viereck mit mindestens einem Paar paralleler Seiten heißt **Trapez**. Die beiden parallelen Seiten heißen **Grundseiten**, die anderen Seiten **Schenkel**. Die **Höhe h** ist der Abstand der beiden Grundseiten. Die **Mittellinie m** ist die zu den Grundseiten parallele Strecke innerhalb des Trapezes, die die Höhe h halbiert. Für jedes Trapez mit den Grundseiten a und c gilt:

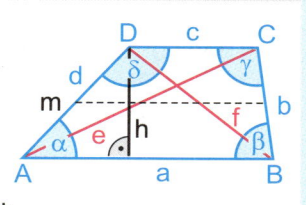

- Die beiden Innenwinkel, die an einem gemeinsamen Schenkel liegen, ergänzen sich jeweils zu 180°. Im Bild oben gilt: $\alpha + \delta = 180°$ und $\beta + \gamma = 180°$
- Die Mittellinie m hat die Länge **m = $\frac{1}{2}$ • (a + c)**.

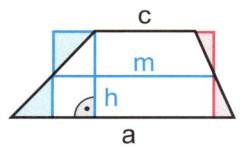

Für den Umfang U eines Trapezes mit den Seitenlängen a, b, c und d gilt: **U = a + b + c + d**

Der Flächeninhalt A eines Trapezes mit den Grundseiten a und c sowie der Höhe h ist genauso groß wie der Flächeninhalt eines Rechtecks mit den Seiten m und h.

Es gilt also: **A = m • h = $\frac{1}{2}$ • (a + c) • h**

Hinweis: Ein Trapez muss nicht unbedingt zwei an einer Grundseite liegende spitze Winkel haben wie in den Bildern oben. Auch das Bild rechts zeigt ein Trapez.

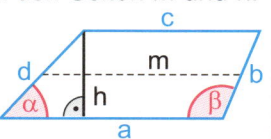

Achsensymmetrisches Trapez

gleichschenkliges Trapez

Ein Trapez mit gleich großen Winkeln an einer Grundseite heißt **achsensymmetrisches Trapez**. Für solche Trapeze gilt zusätzlich:

- Die Schenkel sind gleich lang.
- Die beiden Winkel an **beiden** Grundseiten sind jeweils gleich groß. Im Bild gilt: $\alpha = \beta$ und $\gamma = \delta$.
- Die Diagonalen sind gleich lang.
- Es ist achsensymmetrisch. Die Symmetrieachse ist die Mittelsenkrechte einer Grundseite.

Hinweis: Ein achsensymmetrisches Trapez wird oft auch **gleichschenkliges Trapez** genannt. Dabei ist aber zu bedenken: Zwar hat jedes achsensymmetrische Trapez gleich lange Schenkel, aber nicht jedes Trapez mit gleich langen Schenkeln ist auch ein achsensymmetrisches Trapez. Letzteres trifft auf alle Parallelogramme zu, die keine Rechtecke sind.

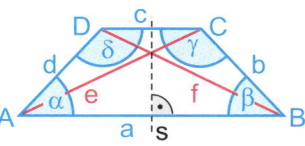

Vierecke und Vielecke

Drachenviereck

$U = 2 \cdot a + 2 \cdot c = 2 \cdot (a + c)$ $A = \frac{1}{2} \cdot e \cdot f$

Ein Viereck, bei dem zwei benachbarte Seiten gleich lang sind und bei dem auch die beiden anderen Seiten gleich lang sind, heißt **Drachenviereck**. Für jedes Drachenviereck gilt:
- Zwei gegenüberliegende Innenwinkel sind gleich groß. Im Bild gilt: $\alpha = \gamma$
- Die Diagonalengeraden stehen senkrecht aufeinander.
- Eine Diagonalengerade halbiert die andere Diagonale.
- Es ist achsensymmetrisch zu der halbierenden Diagonalengeraden.

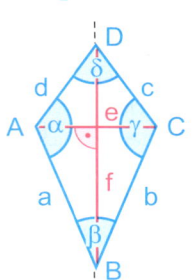

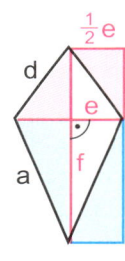

Für den Umfang U eines Drachenvierecks mit den Seitenlängen a = b und c = d gilt: **$U = 2 \cdot a + 2 \cdot c = 2 \cdot (a + c)$**

Der Flächeninhalt A eines Drachenvierecks mit den Diagonalen e und f ist genauso groß wie der Flächeninhalt eines Rechtecks mit den Seiten $\frac{1}{2}$ e und f. Es gilt also: **$A = \frac{1}{2} \cdot e \cdot f$**

Hinweis: Ein Drachenviereck ist nicht unbedingt konvex (siehe Seite 26). Das Bild rechts zeigt einen Drachen, bei dem die Diagonale e außerhalb des Vierecks liegt.

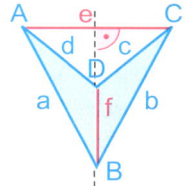

Übersicht Vierecke

Das Diagramm beschreibt die Beziehungen der verschiedenen Viereckarten zueinander. Ein Pfeil zwischen zwei Figuren bedeutet: „Jede(s) ... ist ein ...".
Beispiel: *„Jedes Quadrat ist ein Rechteck."*

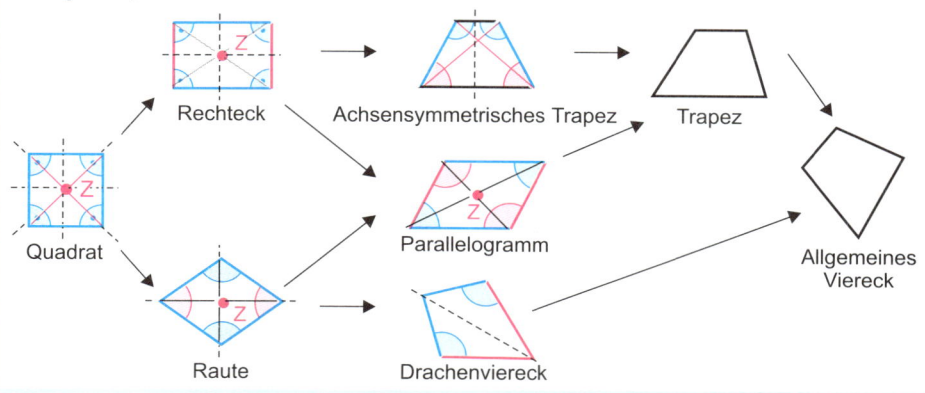

VIERECKE UND VIELECKE

Konstruktion von Vierecken

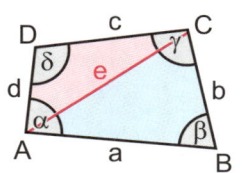

Ein Viereck lässt sich durch eine Diagonale immer in zwei Dreiecke zerlegen. Kann man eines der Teildreiecke mithilfe eines Kongruenzsatzes konstruieren, so genügen für das zweite Teildreieck zwei weitere geeignete Angaben, da die Diagonale gemeinsame Seite beider Dreiecke ist. Ein beliebiges Viereck kann durch Angabe von fünf **geeigneten (!)** Stücken bis auf seine Lage eindeutig konstruiert werden.

Aber nicht immer reichen fünf Angaben aus, um ein Viereck bis auf seine Lage eindeutig konstruieren zu können. So stimmen die Vierecke in den Bildern rechts zwar in allen Seitenlängen und einem Winkel überein, sie sind aber nicht kongruent.

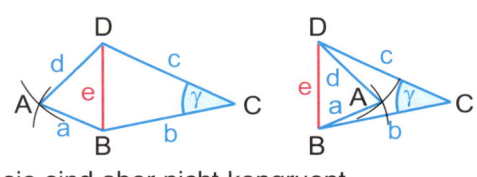

Zur Konstruktion spezieller Vierecke können schon weniger als fünf Angaben genügen. Quadrate können durch ein geeignetes Stück, Rauten oder Rechtecke durch zwei geeignete Stücke, Parallelogramme, Drachen oder achsensymmetrische Trapeze durch drei geeignete Stücke und Trapeze durch vier geeignete Stücke bis auf ihre Lage eindeutig festgelegt werden.

Beispiele:

a) Konstruiere ein Viereck mit: $c = 2$ cm; $e = 3{,}5$ cm; $f = 2{,}5$ cm; $\gamma = 76°$; $\delta = 135°$
1. Konstruktion von $\triangle\,CDA$ nach Kongruenzsatz SsW
2. Konstruktion von $\triangle\,CDB$ nach Kongruenzsatz SsW

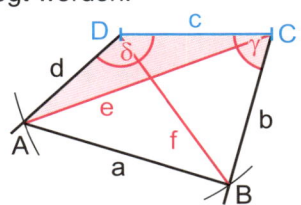

b) Konstruiere eine Raute mit: $a = 1{,}5$ cm; $f = 1{,}5$ cm
 Vorüberlegung: Es gilt $a = b = c = d = 1{,}5$ cm, weil das Viereck eine Raute ist.
1. Konstruktion von $\triangle\,ABD$ nach Kongruenzsatz SSS
2. Konstruktion von $\triangle\,BCD$ nach Kongruenzsatz SSS

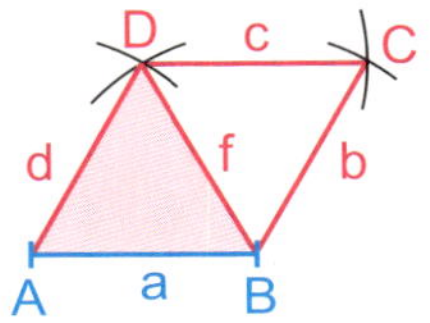

c) Konstruiere ein Trapez ($\overline{AB}\;\|\;\overline{CD}$) mit: $b = 1{,}7$ cm; $c = 2$ cm; $\gamma = 120°$; $\delta = 51°$
1. Konstruktion von $\triangle\,CDB$ nach Kongruenzsatz SWS
2. Winkel δ an $\overline{CD}$ in D
3. Parallele zu $\overline{CD}$ durch B; Schnittpunkt der Parallelen mit dem freien Schenkel von δ: A

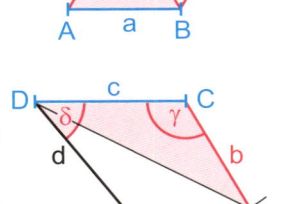

31

Vierecke und Vielecke

Sehnenviereck *Umkreis • α + γ = β + δ = 180°*

Ein Viereck, dessen Eckpunkte auf einem Kreis liegen, heißt **Sehnenviereck**. Den Kreis nennt man **Umkreis** des Vierecks. Die Seiten des Vierecks sind Sehnen *(siehe Seite 34)* des Umkreises. Der Mittelpunkt M des Umkreises liegt im Schnittpunkt der Mittelsenkrechten der vier Seiten. Je vier verschiedene Punkte auf einem Kreis legen die Eckpunkte eines Sehnenvierecks fest.

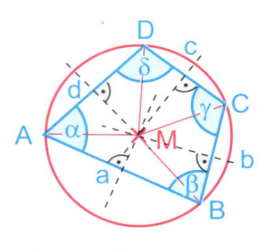

Ein Viereck ist genau dann ein Sehnenviereck, wenn gilt: **Gegenüberliegende Winkel ergänzen sich zu 180°.** Im Bild gilt: α + γ = 180° und β + δ = 180°

Alle Quadrate, Rechtecke und achsensymmetrischen Trapeze sind Sehnenvierecke.

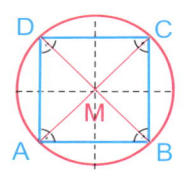

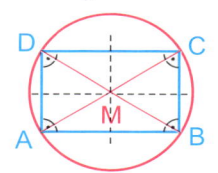

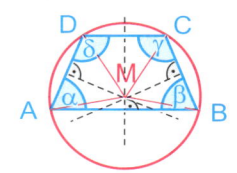

Tangentenviereck *Inkreis • a + c = b + d*

Ein Viereck, dessen Seiten allesamt denselben Kreis berühren, heißt **Tangentenviereck**. Den Kreis nennt man **Inkreis** des Vierecks. Die Seiten des Vierecks sind Abschnitte von Tangenten *(siehe Seite 34)* des Kreises. Der Mittelpunkt M des Inkreises ist der Schnittpunkt der Winkelhalbierenden der vier Innenwinkel. Je vier verschiedene Punkte auf einem Kreis legen die Berührpunkte eines Tangentenvierecks fest.

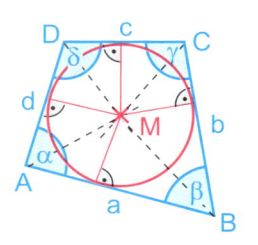

Ein Viereck ist genau dann ein Tangentenviereck, wenn gilt: **Die Summe der Längen zweier gegenüberliegender Seiten ist gleich der Summe der Längen der beiden anderen Seiten.** Im Bild gilt: a + c = b + d

Alle Quadrate, Rauten und Drachenvierecke sind Tangentenvierecke.

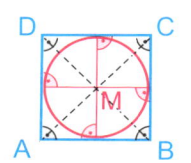

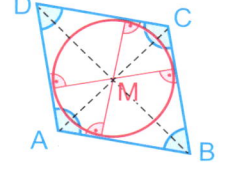

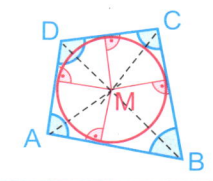

VIERECKE UND VIELECKE

Regelmäßige Vielecke

siehe auch Seite 26

Regelmäßige Vielecke haben immer einen Umkreis **und** einen Inkreis. Sie sind sowohl Sehnen- als auch Tangentenvielecke.

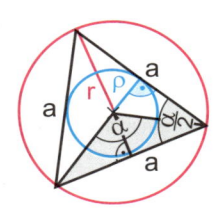

Regelmäßiges (gleichseitiges) Dreieck:

Mittelpunktswinkel α: $\alpha = 120°$
Innenwinkel β: $\beta = \frac{\alpha}{2} = 60°$
Umfang U: $U = 3a$
Umkreisradius r: $r = \frac{2}{3} \cdot h_a = \frac{2}{3} \cdot \frac{a}{2} \cdot \sqrt{3} = \frac{a}{3}\sqrt{3}$
Inkreisradius ρ: $\rho = \frac{1}{3} \cdot h_a = \frac{1}{3} \cdot \frac{a}{2} \cdot \sqrt{3} = \frac{a}{6}\sqrt{3}$
Flächeninhalt A: $A = \frac{1}{4} a^2 \sqrt{3}$

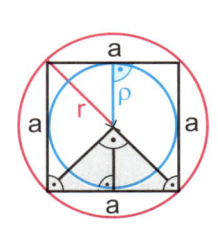

Regelmäßiges Viereck (Quadrat):

Mittelpunktswinkel α: $\alpha = 90°$
Innenwinkel β: $\beta = 90°$
Umfang U: $U = 4a$
Umkreisradius r: $r = \frac{1}{2} \cdot d = \frac{1}{2} \cdot a \cdot \sqrt{2} = \frac{a}{2}\sqrt{2}$
Inkreisradius ρ: $\rho = \frac{a}{2}$
Flächeninhalt A: $A = a^2$

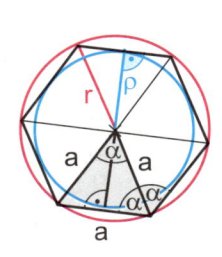

Regelmäßiges Sechseck:

Mittelpunktswinkel α: $\alpha = 60°$
Innenwinkel β: $\beta = 120°$
Umfang U: $U = 6a$
Umkreisradius r: $r = a$
Inkreisradius ρ: $\rho = \frac{a}{2}\sqrt{3}$
Flächeninhalt A: $A = 6 \cdot \frac{1}{4} a^2 \sqrt{3} = \frac{3}{2} a^2 \sqrt{3}$

Regelmäßiges Fünfeck (links):

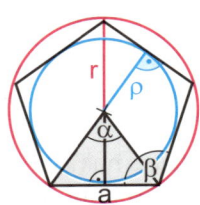

Mittelpunktswinkel α: $\alpha = 72°$
Innenwinkel β: $\beta = 108°$
Umfang U: $U = 5a$
Flächeninhalt A: $A = \frac{5}{2} a \cdot \rho$

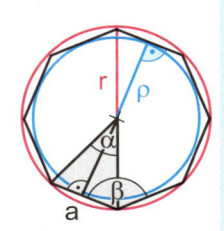

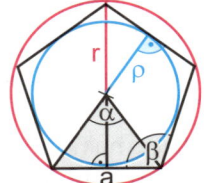

Regelmäßiges Achteck (rechts):

Mittelpunktswinkel α: $\alpha = 45°$
Innenwinkel β: $\beta = 135°$
Umfang U: $U = 8a$
Flächeninhalt A: $A = 4a \cdot \rho$

KREISE

Bezeichnungen am Kreis
Radius • Mittelpunkt • Sehne • Durchmesser • Passante • Sekante • Tangente • Berührpunkt/-radius • Bogen

Die Menge aller Punkte P einer Ebene, die von einem Punkt M den gleichen Abstand r haben, nennt man **Kreis um M mit dem Radius r**. M heißt **Mittelpunkt** des Kreises. Für einen Kreis k um M mit dem Radius r schreibt man auch **k(M; r)**.

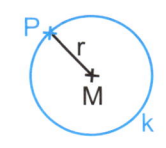

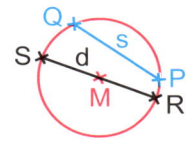

Eine Strecke zwischen zwei Punkten P und Q auf dem Kreis heißt **Sehne**. Geht sie außerdem durch den Mittelpunkt, nennt man sie **Durchmesser** des Kreises. Der Durchmesser d ist doppelt so lang wie der Radius r, es gilt also: **d = 2r**.

Haben ein Kreis und eine Gerade keinen Punkt gemeinsam, heißt die Gerade **Passante**, schneidet die Gerade den Kreis in zwei Punkten, heißt sie **Sekante**. Eine Gerade, die mit einem Kreis genau einen Punkt gemeinsam hat, heißt **Tangente**. Den gemeinsamen Punkt von Kreis und Gerade nennt man **Berührpunkt B**, die Strecke MB **Berührradius**.

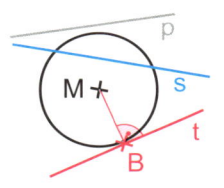

Es gilt: **Eine Tangente steht auf ihrem Berührradius senkrecht.**

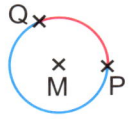

Zwei verschiedene Punkte P und Q auf einem Kreis unterteilen ihn in zwei **Bögen**. Die beiden Bögen PQ und QP heißen **entgegengesetzte Bögen**.

Winkel am Kreis
Mittelpunktswinkel / Zentriwinkel • Umfangswinkel / Peripheriewinkel • Sehnentangentenwinkel

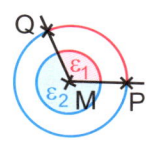

Ein Winkel, dessen Scheitel im Kreismittelpunkt liegt, heißt **Mittelpunktswinkel** oder **Zentriwinkel**. Zu zwei Punkten P und Q gibt es zwei Mittelpunktswinkel. Der Winkel $\varepsilon_1 = \angle PMQ$ gehört zum Bogen PQ, der Winkel $\varepsilon_2 = \angle QMP$ zum Bogen QP.

Ein Winkel, dessen Scheitel auf einem Kreis liegt und dessen Schenkel den Kreis schneiden, heißt **Umfangs-** oder **Peripheriewinkel**. Zu zwei Punkten P und Q auf dem Kreis gibt es unendlich viele Umfangswinkel. Je nachdem, welchen Bogen sie einschließen, sind sie *Umfangswinkel über dem Bogen PQ* oder *Umfangswinkel über dem Bogen QP*.

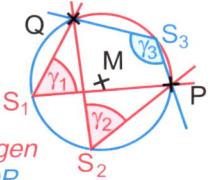

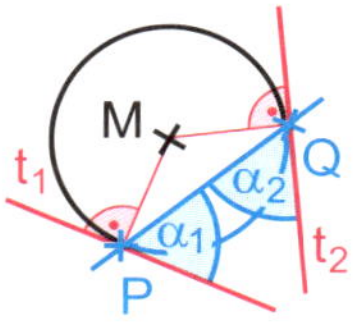

Ein Winkel, dessen Scheitel auf einem Kreis liegt, heißt **Sehnentangentenwinkel**, wenn einer seiner Schenkel auf einer Tangente liegt und der andere Schenkel den Kreis schneidet. Zu jedem Bogen gehören zwei solcher Winkel.

KREISE

Mittelpunktswinkelsatz • Umfangswinkelsatz • Sehnentangentenwinkelsatz

Winkelsätze

Zwischen den verschiedenen Winkelarten am Kreis bestehen bestimmte Zusammenhänge. Diese werden in den Winkelsätzen beschrieben.

Mittelpunktswinkelsatz: Der Mittelpunktswinkel ist doppelt so groß wie jeder Umfangswinkel über demselben Bogen. In den Bildern rechts gilt: $\varepsilon_1 = 2 \cdot \gamma_1$ und $\varepsilon_2 = 2 \cdot \gamma_2$

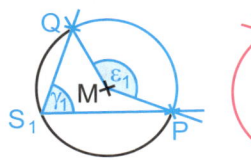

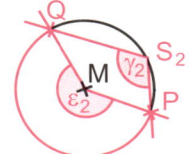

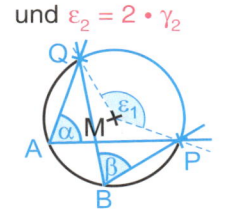

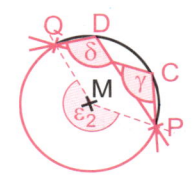

Da **jeder** Umfangswinkel über demselben Bogen halb so groß ist wie der zugehörige Mittelpunktswinkel, gilt auch der **Umfangswinkelsatz: Alle Umfangswinkel über demselben Bogen sind gleich groß.** In den Bildern links gilt: $\alpha = \beta$ und $\gamma = \delta$

Die Mittelpunktswinkel über entgegengesetzten Bögen ergänzen sich zu 360°. Außerdem ist jeder Umfangswinkel halb so groß wie ein Mittelpunktswinkel. Daraus ergibt sich: **Zwei Umfangswinkel über entgegengesetzten Bögen ergänzen sich zu 180°.** Im Bild rechts gilt: $\gamma_1 + \gamma_2 = 180°$

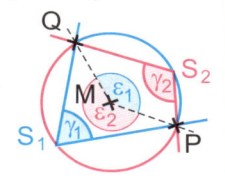

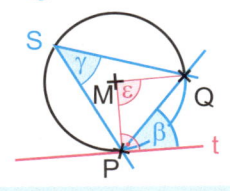

Der Zusammenhang zwischen Umfangswinkel und Sehnentangentenwinkel wird im **Sehnentangentenwinkelsatz** formuliert: **Sehnentangentenwinkel und Umfangswinkel über demselben Bogen sind gleich groß.** Im Bild links gilt: $\beta = \gamma$

Halbkreis • Thaleskreis

Satz des Thales

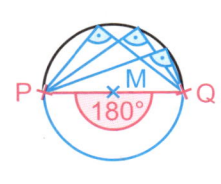

Ist die Sehne zwischen zwei Kreispunkten P und Q Durchmesser des Kreises, dann sind die Bögen PQ und QP **Halbkreise**. Die zugehörigen Mittelpunktswinkel sind 180° groß. Mithilfe der Winkelsätze folgt hieraus der **Satz des Thales: Jeder Umfangswinkel über einem Halbkreis ist ein rechter Winkel.**

Ist eine Strecke $\overline{AB}$ Durchmesser eines Kreises, so nennt man diesen Kreis auch **Thaleskreis** über $\overline{AB}$. Der Thaleskreis wird häufig zur Konstruktion rechter Winkel benutzt *(siehe Seite 36)*.

KREISE

Grundkonstruktionen *Gegeben: **schwarz** • Hilfslinien: **blau** • Gesucht: **rot***

Mittelpunkt M eines Kreises k:

1) Zwei beliebige Sehnen s_1 und s_2
2) Mittelsenkrechten *(s. Seite 9)* m_1 und m_2 von s_1 und s_2; Schnittpunkt: Mittelpunkt M

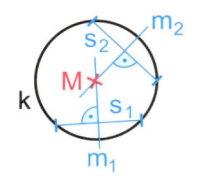

Kreis k durch drei Punkte A, B und C:

1) $s_1 = \overline{AC}$ und $s_2 = \overline{BC}$
2) Mittelsenkrechten *(siehe Seite 9)* m_1 und m_2 von s_1 und s_2; Schnittpunkt: Mittelpunkt M
3) Abstand von M zu einem der gegebenen Punkte: Radius r

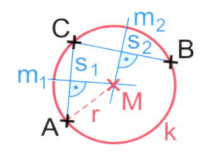

Thaleskreis k über einer Strecke $\overline{AB}$:

1) Mittelpunkt von $\overline{AB}$ *(siehe Seite 9)*: Mittelpunkt M
2) Kreis um M mit Radius r = $|\overline{AM}|$: Thaleskreis k

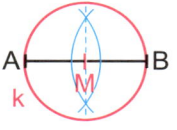

Rechtwinkliges Dreieck aus Hypotenuse $\overline{AB}$ und α:

1) Strecke $\overline{AB}$
2) Winkel α an $\overline{AB}$ in A
3) Thaleskreis über $\overline{AB}$ *(siehe oben)*; Schnittpunkt mit dem freien Schenkel von α: C

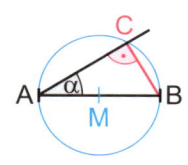

Tangente t im Punkt P auf Kreis k mit Mittelpunkt M:

1) Gerade g durch M und P
2) Senkrechte zu g in P: Tangente t

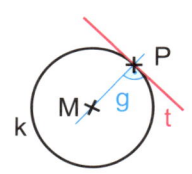

Tangenten an Kreis k von Punkt P außerhalb k:

1) Thaleskreis über $\overline{PM}$ *(siehe oben)*; Schnittpunkte mit Kreis k: Berührpunkte B_1 und B_2
2) Tangentenkonstruktion in B_1 und B_2 *(siehe oben)*: Tangenten t_1 und t_2

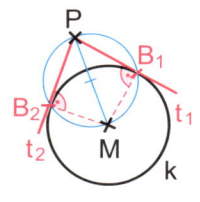

KREISE

innere Tangenten • äußere Tangenten — **Gemeinsame Tangenten zweier Kreise**

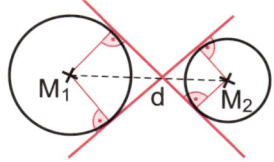

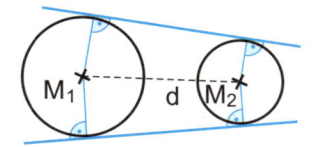

Die Bilder zeigen Tangenten, die **gemeinsame Tangenten** zweier sich nicht schneidender Kreise mit dem Mittelpunktsabstand d sind. Die roten Tangenten nennt man **innere Tangenten**, die blauen heißen **äußere Tangenten**.

Zwei nicht ineinander liegende Kreise mit den Radien r_1 und r_2 und dem Mittelpunktsabstand d haben

- zwei gemeinsame innere und zwei gemeinsame äußere Tangenten, wenn gilt: $d > r_1 + r_2$ *(siehe oben)*.
- eine gemeinsame innere und zwei gemeinsame äußere Tangenten, wenn gilt: $d = r_1 + r_2$. Die innere Tangente ist die Senkrechte zur Verbindungsgeraden der beiden Mittelpunkte im Berührpunkt B der beiden Kreise.
- keine gemeinsame innere und zwei gemeinsame äußere Tangenten, wenn gilt: $d < r_1 + r_2$.

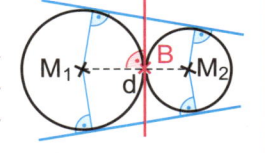

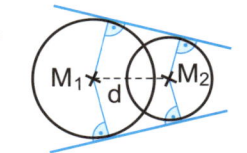

Konstruktion der gemeinsamen Tangenten:
gegeben: Kreise k_1 und k_2 mit $r_1 > r_2$ und $d > r_1 + r_2$

a) Äußere Tangenten:
1. Hilfskreis k_3 um M_1 mit $r_3 = r_1 - r_2$
2. Tangenten von M_2 an k_3 (siehe Seite 36)
3. von M_1 abgewandte Parallelen zu diesen Tangenten im Abstand r_2: *gesuchte Tangenten*

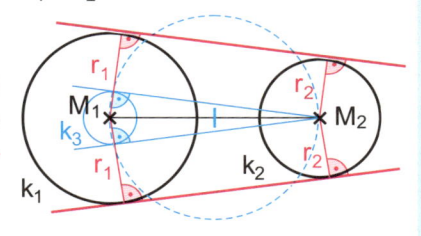

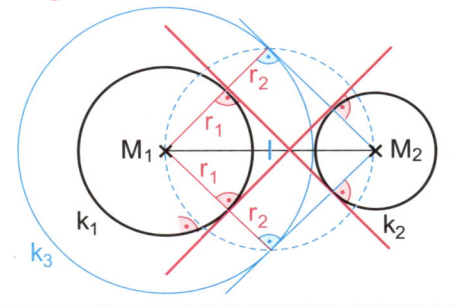

b) Innere Tangenten:
1. Hilfskreis k_3 um M_1 mit $r_3 = r_2 + r_1$
2. Tangenten von M_2 an k_3 (s. Seite 36)
3. M_1 zugewandte Parallelen zu diesen Tangenten im Abstand r_2: *gesuchte Tangenten*

KREISE

Umfang   *Kreiszahl π • Umfang • Kreisfläche*
Flächeninhalt $U = 2\pi r$ $A = \pi r^2$

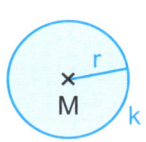

Die von einem Kreis eingeschlossene Fläche heißt **Fläche des Kreises** oder **Kreisfläche**. Der **Umfang** eines Kreises ist die Länge der Kreislinie. Bei jedem Kreis ist das Verhältnis zwischen Umfang und Durchmesser gleich, man nennt es **Kreiszahl π** („pi"). π ist eine irrationale Zahl, die zum Rechnen meistens mit 3,14 angenähert wird *(so auch in den Beispielen unten und rechts).*

Für den **Umfang U** und den **Flächeninhalt A** eines Kreises mit dem Radius r gilt: $U = 2\pi r$ und $A = \pi r^2$

Beispiele:

1) Kreis mit r = 3 cm: $U = 2 \cdot \pi \cdot (3\text{ cm}) = \mathbf{6\,\pi\text{ cm}} \approx 18{,}84\text{ cm}$
                                $A = \pi \cdot (3\text{ cm})^2 = \mathbf{9\,\pi\text{ cm}^2} \approx 28{,}26\text{ cm}^2$

2) Kreis mit d = 5 m: $U = 2 \cdot \pi \cdot (\tfrac{5}{2}\text{m}) = \mathbf{5\,\pi\text{ m}} \approx 15{,}7\text{ m}$
                               $A = \pi \cdot (\tfrac{5}{2}\text{m})^2 = \mathbf{6{,}25\,\pi\text{ m}^2} \approx 19{,}625\text{ m}^2$

3) Kreis mit r = 1: $U = 2 \cdot \pi \cdot 1 = \mathbf{2\,\pi} \approx 6{,}28$
                          $A = \pi \cdot 1^2 = \mathbf{\pi} \approx 3{,}14$

Bogenlänge $b = \tfrac{\alpha}{180°} \cdot \pi r$
Bogenmaß $x = \tfrac{\alpha}{180°} \cdot \pi$ $\alpha = x \cdot \tfrac{180°}{\pi}$

Ein Kreisbogen b hat zu seinem Mittelpunktswinkel α das gleiche Verhältnis wie der Kreisumfang U zum Vollwinkel: $\tfrac{b}{\alpha} = \tfrac{U}{360°}$. Für die Länge von b (**„Bogenlänge"**) folgt hieraus: $b = \tfrac{\alpha}{180°} \cdot \pi r$

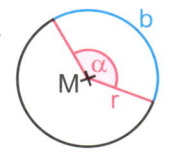

Im Einheitskreis (r = 1) beträgt die Bogenlänge b_α also $\tfrac{\alpha}{180°} \cdot \pi$. Die Zahl $x = \tfrac{\alpha}{180°} \cdot \pi$ nennt man **Bogenmaß des Winkels** α.

Jeden Winkel kann man im Grad- oder im Bogenmaß angeben. Ist α das Grad- und x das Bogenmaß eines Winkels, dann gilt: $x = \tfrac{\alpha}{180°} \cdot \pi$ und $\alpha = x \cdot \tfrac{180°}{\pi}$

Beispiele:

1) Zum Gradmaß α = 35° gehört das Bogenmaß $x = \tfrac{35°}{180°} \cdot \pi = \tfrac{7}{36}\pi$
2) Zum Bogenmaß $x = \tfrac{2}{5}\pi$ gehört das Gradmaß $\alpha = \tfrac{2}{5}\pi \cdot \tfrac{180°}{\pi} = \mathbf{72°}$
3) Grad- und Bogenmaß wichtiger Winkel:

α	0°	1°	30°	45°	60°	90°	180°	270°	360°
x	0	$\tfrac{1}{180}\pi$	$\tfrac{1}{6}\pi$	$\tfrac{1}{4}\pi$	$\tfrac{1}{3}\pi$	$\tfrac{1}{2}\pi$	π	$\tfrac{3}{2}\pi$	2π

KREISE

$$U = \frac{\alpha}{180°} \cdot \pi r + 2r \qquad A = \frac{\alpha}{360°} \cdot \pi r^2 \qquad \textbf{Kreisausschnitt}$$

Eine durch einen Bogen PQ mit der Länge b und die beiden zugehörigen Radien begrenzte Fläche wie im Bild links nennt man **Kreisausschnitt** oder **Sektor**.

Für den Umfang U und den Flächeninhalt A eines Kreisausschnitts mit dem Mittelpunktswinkel α und dem Radius r gilt:
$U = \frac{\alpha}{180°} \cdot \pi r + 2r = b + 2r$ und $A = \frac{\alpha}{360°} \cdot \pi r^2 = \frac{1}{2} b r$

Beispiel:
Kreisausschnitt mit $\alpha = 60°$, r = 2 cm:
$U = \frac{60°}{180°} \cdot \pi \cdot 2 \text{ cm} + 2 \cdot 2 \text{ cm} = (\frac{2}{3}\pi + 4) \text{ cm} \approx 6{,}09 \text{ cm}$
$A = \frac{60°}{360°} \cdot \pi \cdot (2 \text{ cm})^2 = \frac{2}{3}\pi \text{ cm}^2 \approx 2{,}09 \text{ cm}^2$

$$U = \frac{\alpha}{180°} \cdot \pi r + s \qquad A = \frac{1}{2} b r - \frac{1}{2} s (r - h) \qquad \textbf{Kreisabschnitt}$$

Eine durch einen Bogen PQ mit der Länge b und die Sehne $\overline{PQ}$ mit der Länge s begrenzte Fläche wie im Bild nennt man **Kreisabschnitt** oder **Segment**. Das innerhalb des Kreisabschnitts gelegene Stück der Mittelsenkrechten von s heißt Höhe h des Kreisabschnitts.

Für den Umfang U und den Flächeninhalt A eines Kreisabschnitts mit dem Mittelpunktswinkel α und dem Radius r gilt:
$U = \frac{\alpha}{180°} \cdot \pi r + s = b + s$ und $A = \frac{1}{2} b r - \frac{1}{2} s (r - h)$

Beispiel:
Kreisabschnitt mit $\alpha = 60°$, r = 4 cm: Wegen $\alpha = 60°$ ist $\triangle$ PMQ gleichseitig. Es gilt also s = r = 4 cm und (nach Pythagoras) $r - h = 2\sqrt{3}$ cm.
$b = \frac{60°}{180°} \cdot \pi \cdot 4 \text{ cm} = \frac{4}{3}\pi \text{ cm};$ $U = \frac{4}{3}\pi \text{ cm} + 4 \text{ cm} = (\frac{4}{3}\pi + 4) \text{ cm} \approx 8{,}19 \text{ cm}$
$A = \frac{1}{2} \cdot \frac{4}{3}\pi \text{ cm} \cdot 4 \text{ cm} - \frac{1}{2} \cdot 4 \text{ cm} \cdot 2\sqrt{3} \text{ cm} = (\frac{8}{3}\pi - 4\sqrt{3}) \text{ cm}^2 \approx 1{,}45 \text{ cm}^2$

Konzentrische Kreise
$$U = 2\pi (r_1 + r_2) \qquad A = \pi (r_2^2 - r_1^2) \qquad \textbf{Kreisring}$$

Haben zwei Kreise den Mittelpunkt gemeinsam, so nennt man sie **konzentrisch**. Eine Fläche wie im Bild heißt **Kreisring**. Sie entsteht durch zwei konzentrische Kreise mit den Radien r_1 und r_2.

Für den Umfang U und den Flächeninhalt A eines Kreisringes mit $r_1 < r_2$ gilt: $U = 2\pi (r_1 + r_2)$ und $A = \pi (r_2^2 - r_1^2)$

KÖRPER

Geometrische Körper

Oberfläche • Volumen / Rauminhalt • Kante • Ecke

Von zusammenhängenden Flächen begrenzte räumliche Figuren wie im Bild rechts heißen **geometrische Körper** oder kurz Körper. Ein Körper ist dreidimensional, d. h. er hat eine Ausdehnung in Länge, Breite und Höhe.

Alle begrenzenden Flächen zusammen nennt man **Oberfläche** des Körpers, die Summe ihrer Flächeninhalte heißt **Oberflächeninhalt**. Bei einigen Körpern wie Prismen, Zylindern, Pyramiden oder Kegeln bilden die Grundfläche(n) und der Mantel zusammen die Oberfläche. Das **Volumen** – auch **Rauminhalt** genannt – ist ein Maß für den von einem Körper ausgefüllten Raum.

Gemeinsame Strecken zweier Begrenzungsflächen heißen **Kanten**, gemeinsame Punkte zweier Kanten heißen **Ecken** des Körpers.

Schrägbilder

Das **Schrägbild** eines Körpers überträgt die dreidimensionale Gestalt des Körpers auf das zweidimensionale Zeichenpapier.

Beim Zeichnen eines Schrägbildes ist zu beachten:
- Kanten, die parallel zur Zeichenebene verlaufen, werden in tatsächlicher Länge gezeichnet.
- Kanten, die senkrecht zur Zeichenebene verlaufen, werden meistens unter einem Verzerrungswinkel von $\alpha = 45°$ gezeichnet und auf die Hälfte verkürzt.
- Parallele Kanten werden parallel gezeichnet.
- Verdeckt liegende Kanten werden gestrichelt gezeichnet.

Hinweis zu den Bildern: Die roten Begrenzungsflächen liegen senkrecht zur Zeichenebene. Beim Quader sind dies zwei Seitenflächen sowie die beiden Grundflächen, bei der Pyramide ist es die Grundfläche. Die nach hinten zeigenden Kanten wurden auf die Hälfte verkürzt.

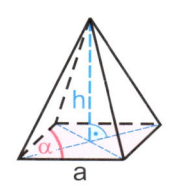

KÖRPER

Abwicklung **Netze**

Breitet man die zusammenhängenden Begrenzungsflächen eines Körpers eben aus, so erhält man das **Netz** des Körpers. Man spricht auch von der **Abwicklung in die Ebene**. Die Bilder zeigen Netze einiger wichtiger Körper.

Quader:

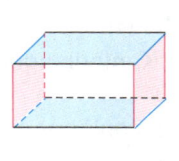

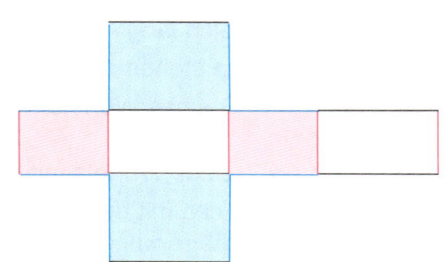

Dreiseitiges Prisma:

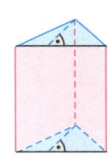

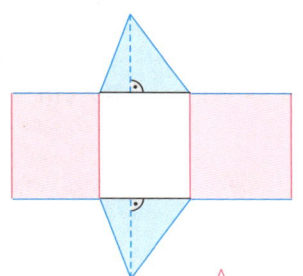

Quadratische Pyramide:

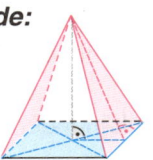

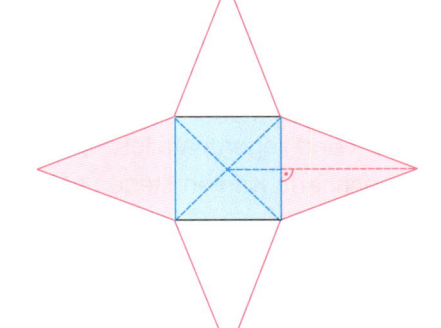

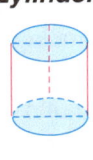

Zylinder: 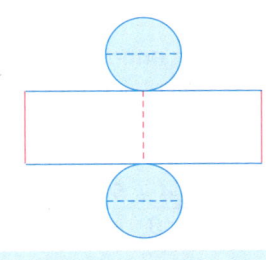   *Kegel:*

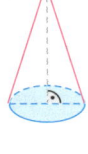

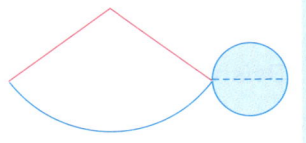

41

KÖRPER

Würfel *Hexaeder • Raumdiagonale*
$O = 6 \cdot a^2$ $V = a^3$

Ein **Würfel** ist ein Körper, der von sechs kongruenten Quadraten begrenzt wird. Man nennt einen Würfel auch **Hexaeder**. Für jeden Würfel gilt:
- Er hat 12 Kanten und 8 Ecken.
- Alle Kanten sind gleich lang.
- Benachbarte Kanten stehen senkrecht aufeinander.

Für die **Oberfläche O** eines Würfels mit der Kantenlänge a gilt: **O = 6 · a²**

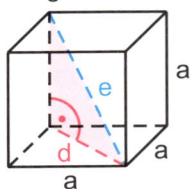

Für das **Volumen V** eines Würfels mit der Kantenlänge a gilt: **V = a³**

Verbindet man eine Ecke mit der von ihr am weitesten entfernten Ecke, so erhält man eine **Raumdiagonale e**. Jeder Würfel hat vier gleich lange Raumdiagonalen. In einem Würfel mit der Kantenlänge a gilt: **e = a · √3**

Beispiel: Für einen Würfel mit der Kantenlänge a = 5 cm gilt:
$O = 6 \cdot (5\ cm)^2 =$ **150 cm²** $V = (5\ cm)^3 =$ **125 cm³**
$e = 5 \cdot \sqrt{3}\ cm \approx$ **8,7 cm**

Quader *Raumdiagonale*
$O = 2 \cdot (a \cdot b + b \cdot c + a \cdot c)$ $V = a \cdot b \cdot c$

Ein **Quader** ist ein Körper, der von sechs Rechtecken begrenzt wird. Für jeden Quader gilt:
- Er hat 12 Kanten und 8 Ecken.
- Jeweils 4 Kanten sind gleich lang und parallel.
- Je zwei gegenüber liegende Rechtecke sind kongruent und liegen parallel zueinander.
- Benachbarte Kanten stehen senkrecht aufeinander.

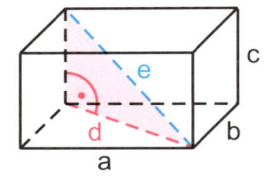

Für die **Oberfläche O** eines Quaders mit den Kantenlängen a, b und c gilt:
O = 2 · a · b + 2 · b · c + 2 · a · c = 2 · (a · b + b · c + a · c)

Für das **Volumen V** eines Quaders mit den Kantenlängen a, b und c gilt:
V = a · b · c

Verbindet man eine Ecke mit der von ihr am weitesten entfernten Ecke, so erhält man eine **Raumdiagonale e**. Jeder Quader hat vier gleich lange Raumdiagonalen. In einem Quader mit den Kantenlängen a, b und c gilt: **e = √(a² + b² + c²)**

Beispiel: Für einen Quader mit den Kantenlängen a = 5 cm, b = 3 cm und c = 4 cm gilt: $O = 2 \cdot (5 \cdot 3 + 3 \cdot 4 + 5 \cdot 4)\ cm^2 =$ **94 cm²**
$V = 5 \cdot 3 \cdot 4\ cm^3 =$ **60 cm³** $e = \sqrt{5^2 + 3^2 + 4^2}\ cm \approx$ **7,1 cm**

KÖRPER

Prisma

$M = u \cdot h$ $\quad$ *Grundfläche • Seitenfläche • Höhe • Mantel*
$\quad\quad\quad\quad\quad O = 2 \cdot G + M \quad\quad\quad V = G \cdot h$

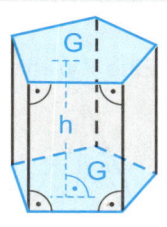

Ein Körper, der von zwei zueinander parallelen und kongruenten n-Ecken und n Rechtecken begrenzt wird, heißt senkrechtes oder **gerades Prisma**. Die n-Ecke nennt man **Grundflächen**, die Rechtecke **Seitenflächen**. Den Abstand zwischen den Grundflächen bezeichnet man als **Höhe** des Prismas.

Alle Seitenflächen eines Prismas zusammen bilden seinen **Mantel**. Breitet man ihn zusammenhängend in einer Ebene aus, so erhält man ein Rechteck, dessen eine Seite durch die Höhe des Prismas gebildet wird und dessen andere Seite so lang ist wie der Umfang u der Grundfläche. Für den **Flächeninhalt M des Mantels** gilt also: **M = u · h**. Die Oberfläche eines Prismas setzt sich zusammen aus dem Mantel und den beiden Grundflächen. Für den **Oberflächeninhalt O** eines Prismas gilt also: **O = 2 · G + M = 2 · G + u · h**

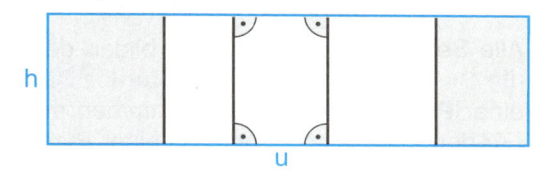

Für das **Volumen V** eines Prismas gilt: **V = G · h**

Hinweis: Sind die Seitenflächen Parallelogramme, aber keine Rechtecke, so spricht man von einem **schiefen Prisma**. Das Volumen eines schiefen Prismas berechnet sich wie das Volumen eines geraden Prismas (siehe Seite 46). Auch Mantel und Oberfläche berechnen sich wie beim geraden Prisma.

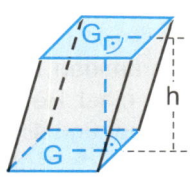

Beispiele:

1) *Ein gerades Prisma ist 5 cm hoch und hat als Grundfläche ein rechtwinkliges Dreieck mit den Seitenlängen a = 3 cm, b = 4 cm und c = 5 cm. Berechne Oberflächeninhalt und Volumen.*

    Da c die längste Seite ist, sind a und b die Katheten des Dreiecks. Für den Flächeninhalt G der Grundfläche gilt also: $G = \frac{1}{2} \cdot 3 \text{ cm} \cdot 4 \text{ cm} = 6 \text{ cm}^2$
    Weiter gilt: u = (3 + 4 + 5) cm = 12 cm; *also:*
    $O = 2 \cdot 6 \text{ cm}^2 + (12 \cdot 5) \text{ cm}^2 = \textbf{72 cm}^2 \quad\quad V = 6 \text{ cm}^2 \cdot 5 \text{ cm} = \textbf{30 cm}^3$

2) *Ein gerades Prisma ist 5 cm hoch und hat als Grundfläche ein regelmäßiges Sechseck mit der Seitenlänge a = 4 cm. Berechne Oberflächeninhalt und Volumen. (Formeln zum regelmäßigen Sechseck: siehe Seite 33)*

    $G = \frac{3}{2} \cdot (4 \text{ cm})^2 \cdot \sqrt{3} = 24\sqrt{3} \text{ cm}^2 \quad\quad u = 6 \cdot 4 \text{ cm} = 24 \text{ cm}$
    $O = 2 \cdot 24\sqrt{3} \text{ cm}^2 + (24 \cdot 5) \text{ cm}^2 = \textbf{(48}\sqrt{3} \textbf{ + 120) cm}^2 \approx \textbf{203 cm}^2$
    $V = 24\sqrt{3} \text{ cm}^2 \cdot 5 \text{ cm} = \textbf{120}\sqrt{3} \textbf{ cm}^3 \approx \textbf{208 cm}^3$

KÖRPER

Pyramide

Grundfläche • Seitenfläche • Höhe • Mantel
Quadratische / Rechteckpyramide • Tetraeder
$O = G + M$ $V = \frac{1}{3} \cdot G \cdot h$

Eine **Pyramide** ist ein Körper, der von einem n-Eck und n Dreiecken, die sich alle in einem Punkt treffen, begrenzt wird. Das n-Eck heißt **Grundfläche**, die Dreiecke heißen **Seitenflächen**. Den Punkt, in dem sich alle Seitenflächen treffen, nennt man **Spitze** der Pyramide. Das Lot von der Spitze auf die Grundflächenebene bezeichnet man als **Höhe h** der Pyramide.

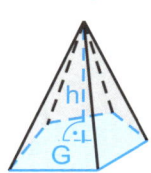

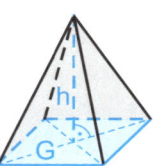

Alle Seitenflächen zusammen bilden den **Mantel. Sein Flächeninhalt M ist die Summe der Flächeninhalte der Begrenzungsdreiecke.** Die Oberfläche einer Pyramide setzt sich zusammen aus dem Mantel und der Grundfläche. Für den **Oberflächeninhalt O** einer Pyramide gilt also: **O = G + M**

Für das **Volumen V** einer Pyramide gilt: $V = \frac{1}{3} \cdot G \cdot h$

Spezielle Pyramiden:

Pyramiden mit quadratischer Grundfläche heißen **quadratische Pyramiden**. Sind bei einer quadratischen Pyramide alle Seitendreiecke kongruent und ist a die Seitenlänge der Grundfläche sowie h_a die Höhe einer Dreiecksseite, so gilt:
$M = 2 \cdot a \cdot h_a$ $O = a^2 + 2 \cdot a \cdot h_a$ $V = \frac{1}{3} \cdot a^2 \cdot h$

Pyramiden mit rechteckiger Grundfläche heißen **Rechteckpyramiden**. Sind bei einer Rechteckpyramide je zwei gegenüberliegende Seitendreiecke kongruent und sind a und b die Seitenlängen der Grundfläche sowie h_a und h_b die Höhen der entsprechenden Dreiecksseiten, so gilt:
$M = a \cdot h_a + b \cdot h_b$ $O = a \cdot b + a \cdot h_a + b \cdot h_b$ $V = \frac{1}{3} \cdot a \cdot b \cdot h$

Eine Pyramide, die aus vier kongruenten gleichseitigen Dreiecken gebildet wird, heißt **Tetraeder**. Bei einem Tetraeder sind alle Kanten gleich lang. Für einen Tetraeder mit der Kantenlänge a gilt:
$M = \frac{3}{4} a^2 \sqrt{3}$ $O = a^2 \sqrt{3}$ $V = \frac{1}{12} a^3 \sqrt{2}$

Beispiel:
Berechne den Flächeninhalt des Mantels, den Oberflächeninhalt und das Volumen einer Rechteckpyramide mit a = 4 cm, b = 8 cm und h = 6 cm.
Nach dem Satz des Pythagoras (siehe Seite 24) gilt:
$h^2 + (\frac{b}{2})^2 = h_a^2$ und $h^2 + (\frac{a}{2})^2 = h_b^2$; also:
$h_a = 2 \cdot \sqrt{13}$ cm und $h_b = 2 \cdot \sqrt{10}$ cm
$M = (4 \cdot 2 \cdot \sqrt{13} + 8 \cdot 2 \cdot \sqrt{10})$ cm² ≈ **79 cm²**
$O = (4 \cdot 8 + 4 \cdot 2 \cdot \sqrt{13} + 8 \cdot 2 \cdot \sqrt{10})$ cm² ≈ **111 cm²**
$V = (\frac{1}{3} \cdot 4 \cdot 8 \cdot 6$ cm³) = **64 cm³**

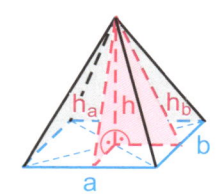

KÖRPER

Zylinder

Grundfläche • Mantel • Höhe
$M = 2\pi r h \qquad O = 2\pi r^2 + 2\pi r h \qquad V = \pi r^2 \cdot h$

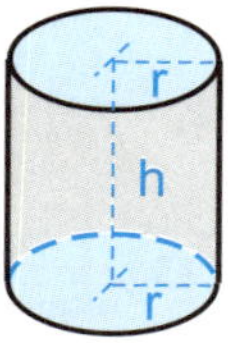

Ein **Zylinder** wird von zwei kongruenten, parallel liegenden Kreisen – den **Grundflächen** – und einer gekrümmten Fläche, dem **Mantel**, begrenzt. Den Abstand zwischen den beiden Grundflächenebenen nennt man **Höhe** des Zylinders.

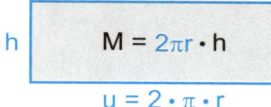

Wickelt man den Mantel eines (geraden) Zylinders mit dem Radius r und der Höhe h in die Ebene ab, so erhält man ein Rechteck mit den Seitenlängen u = 2 π r und h. Für den **Flächeninhalt M des Mantels** gilt also: **M = 2 π r h**. Die Oberfläche setzt sich zusammen aus dem Mantel und den beiden Kreisflächen. Für den **Oberflächeninhalt O** gilt also: **O = 2 π r² + 2 π r h = 2 π r (r + h)**

$M = 2\pi r \cdot h$
$u = 2 \cdot \pi \cdot r$

Für das **Volumen V** eines Zylinders gilt: **V = π r² • h**

Beispiel:
Gegeben: Zylinder mit r = 4 cm und h = 6 cm;   gesucht: O und V
O = 2 π • 4 cm • (4 cm + 6 cm) = **80 π cm²** ≈ 251 cm²
V = π (4 cm)² • 6 cm = **96 π cm³** ≈ 301 cm³

Kegel

Grundfläche • Mantel • Höhe • Seiten- / Mantellinie
$M = \pi r s \qquad O = \pi r^2 + \pi r s \qquad V = \tfrac{1}{3} \cdot \pi r^2 \cdot h$

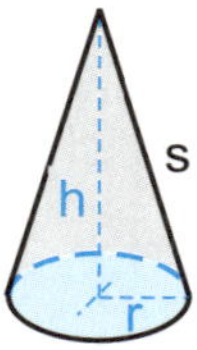

Ein **Kegel** wird von einem Kreis – der **Grundfläche** – und einer gekrümmten Fläche, dem **Mantel**, begrenzt. Das Lot von der Spitze auf die Grundflächenebene heißt **Höhe**, eine gerade Verbindungslinie von der Spitze zu einem Punkt der Kreislinie heißt **Seitenlinie** oder **Mantellinie** des Kegels.

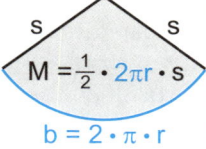

$M = \tfrac{1}{2} \cdot 2\pi r \cdot s$
$b = 2 \cdot \pi \cdot r$

Wickelt man den Mantel eines (geraden) Kegels mit dem Radius r und der Seitenlinie s in die Ebene ab, so erhält man einen Kreisausschnitt mit dem Bogen b = 2 π r und dem Radius s. Für den **Flächeninhalt M des Mantels** gilt also: **M = π r s**. Die Oberfläche besteht aus dem Mantel und der Kreisfläche. Für den **Oberflächeninhalt O** gilt also: **O = π r² + π r s = π r (r + s)**

Für das **Volumen V** eines Zylinders gilt: $V = \tfrac{1}{3} \cdot \pi r^2 \cdot h$

Beispiel:
Gegeben: Kegel mit r = 3 cm und h = 4 cm;   gesucht: O und V
Nach dem Satz des Pythagoras (s. Seite 24) gilt: h² + r² = s²; also s = 5 cm
O = π • 3 cm • (3 cm + 5 cm) = **24 π cm²** ≈ 75 cm²
V = $\tfrac{1}{3}$ • π (3 cm)² • 4 cm = **12 π cm³** ≈ 38 cm³

KÖRPER

Satz des Cavalieri *gerade / schiefe Körper*

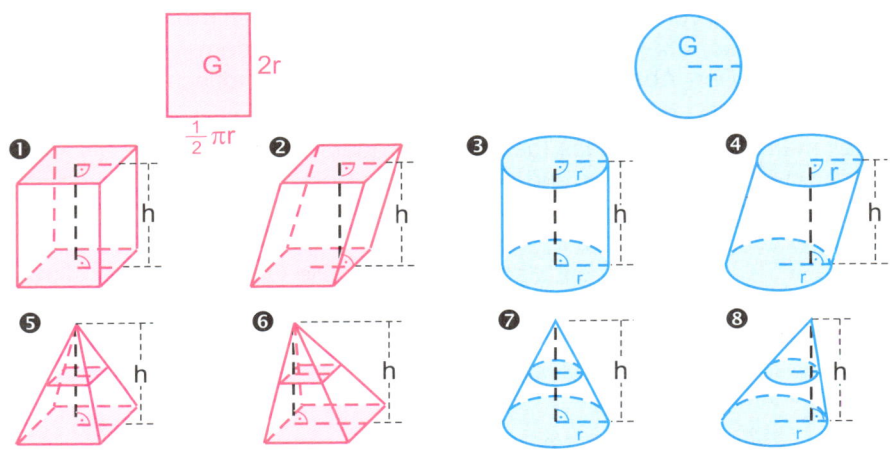

Je nach Lage der beiden Grundflächen bzw. von Grundfläche und Spitze zueinander spricht man von **geraden** oder **schiefen Körpern**. Die Bilder ❶, ❸, ❺ und ❼ zeigen gerade, die Bilder ❷, ❹, ❻ und ❽ schiefe Körper. Alle Körper haben den gleichen Grundflächeninhalt $G = \pi r^2$ und die gleiche Höhe h.

Schneidet man die Körper (1) bis (4) jeweils im gleichen Abstand und parallel zur Grundfläche, so haben alle Schnittflächen wieder den gleichen Flächeninhalt wie G. Alle Körper haben das gleiche Volumen $V = G \cdot h$.

Schneidet man die Körper (5) bis (8) jeweils im gleichen Abstand und parallel zur Grundfläche, so haben alle Schnittflächen jeweils den gleichen Flächeninhalt. Alle Körper haben das gleiche Volumen $V = \frac{1}{3} \cdot G \cdot h$.

Es gilt der **Satz des Cavalieri:**
Zwei Körper haben das gleiche Volumen, wenn die Flächeninhalte ihrer Grundflächen gleich sind und wenn Schnittflächen in gleicher Höhe parallel zur Grundfläche den gleichen Flächeninhalt haben.

*Hinweis: Dieser Satz besagt nicht, **wie** man das Volumen eines Körpers berechnen kann. Er besagt aber beispielsweise, dass ein schiefer Kegel das gleiche Volumen hat wie ein gerader mit gleichem Radius und gleicher Höhe.*

Beispiel:

Ein schiefes Prisma ist 5 cm hoch und hat als Grundfläche ein regelmäßiges Sechseck mit der Seitenlänge a = 4 cm. Berechne das Volumen.

Das Volumen des entsprechenden geraden Prismas beträgt
$V = 24\sqrt{3}$ *cm^2* $\cdot$ *5 cm = $120\sqrt{3}$ cm$^3 \approx$ 208 cm^3 (siehe Seite 43, Beispiel 2).*
Also beträgt auch das gesuchte Volumen $V = \mathbf{120\sqrt{3}}$ cm$^3 \approx$ 208 cm^3.

KÖRPER

Pyramidenstumpf / Kegelstumpf

$O = G_1 + G_2 + M$

Grundflächen • Höhe • Mantel

$V = \frac{1}{3} \cdot (G_1 + \sqrt{G_1 G_2} + G_2) \cdot h$

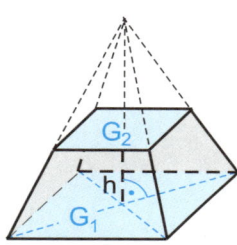

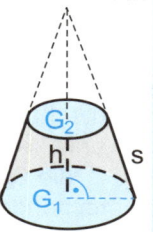

Schneidet man eine Pyramide oder einen Kegel parallel zur Grundfläche im Abstand h, so erhält man einen **Pyramiden-** bzw. einen **Kegelstumpf** mit den **Grundflächen** G_1 und G_2 sowie der **Höhe h**.
Der Mantel eines Pyramidenstumpfes mit n-eckigen Grundflächen besteht aus n Trapezen, der Mantel des (geraden) Kegelstumpfes ist ein Ausschnitt aus einem Kreisring. Für den Oberflächeninhalt beider Körper gilt: $O = G_1 + G_2 + M$
Für das **Volumen V** beider Körper gilt: $V = \frac{1}{3} \cdot (G_1 + \sqrt{G_1 G_2} + G_2) \cdot h$
Für einen (geraden) Kegelstumpf mit den Grundflächenradien r_1 und r_2 sowie der Seitenlinie s ergibt sich damit speziell:

$M = \pi \cdot (r_1 + r_2) \cdot s \qquad O = \pi \cdot [r_1^2 + r_2^2 + (r_1 + r_2) \cdot s]$

$V = \frac{1}{3} \cdot \pi \cdot (r_1^2 + r_1 r_2 + r_2^2) \cdot h$

Beispiel:

Berechne das Volumen eines quadratischen Pyramidenstumpfs mit den Grundflächenseiten $a_1 = 4$ cm und $a_2 = 2$ cm sowie der Höhe h = 3 cm.
Es ist $G_1 = a_1^2$ und $G_2 = a_2^2$; also gilt: $V = \frac{1}{3} \cdot (a_1^2 + a_1 a_2 + a_2^2) \cdot h$
$V = \frac{1}{3} \cdot [(4 \text{ cm})^2 + (4 \text{ cm} \cdot 2 \text{ cm}) + (2 \text{ cm})^2] \cdot 3 \text{ cm} = \mathbf{28 \text{ cm}^3}$

Kugel

$O = 4 \cdot \pi r^2 \qquad$ *Radius • Mittelpunkt* $\qquad V = \frac{4}{3} \cdot \pi r^3$

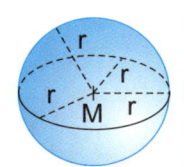

Die Menge aller Punkte des Raumes, die von einem Punkt M den gleichen Abstand r haben, bilden die Oberfläche einer **Kugel um M mit dem Radius r**. M heißt **Mittelpunkt** der Kugel.
Eine Kugel hat keine Kanten. Die Oberfläche einer Kugel ist eine gekrümmte Fläche. Sie lässt sich nicht in die Ebene abwickeln wie die von Prismen, Pyramiden, Zylindern oder Kegeln.
Für den **Oberflächeninhalt O** und das **Volumen V** gilt:

$O = 4 \cdot \pi r^2$ und $V = \frac{4}{3} \cdot \pi r^3$

Beispiel:

Berechne Oberflächeninhalt und Volumen einer Kugel mit r = 10 cm.
$O = 4 \cdot \pi \cdot (10 \text{ cm})^2 = 400 \pi \text{ cm}^2 = 4 \pi \text{ dm}^2 \approx \mathbf{13 \text{ dm}^2}$
$V = \frac{4}{3} \cdot \pi \cdot (10 \text{ cm})^3 = \frac{4000}{3} \pi \text{ cm}^3 = \frac{4}{3} \pi \text{ dm}^3 \approx \mathbf{4 \text{ dm}^3}$

ÄHNLICHKEIT • ZENTRISCHE STRECKUNG • STRAHLENSÄTZE

Ähnlichkeit

ähnlich • Ähnlichkeitsfaktor k
$a' = k \cdot a \qquad A' = k^2 \cdot A$

Zwei Figuren G und G' heißen **ähnlich**, wenn sie durch gleichmäßiges Vergrößern oder Verkleinern zur Deckung gebracht werden können. Bei ähnlichen Figuren stimmen alle Längenverhältnisse entsprechender Seiten und alle entsprechenden Winkel überein. Sind a, b, c, ... die Seiten von G und a', b', c', ... die entsprechenden Seiten von G', so gilt:

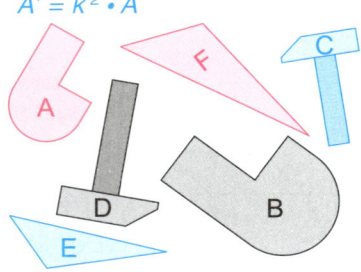

a' : a = b' : b = c' : c = ... Der Quotient k = a' : a heißt **Ähnlichkeitsfaktor**. Für ähnliche Figuren A und B schreibt man A ~ B. Im Bild gilt: A ~ B, C ~ D und E ~ F.

Für zwei ähnliche Figuren G und G' mit dem Ähnlichkeitsfaktor k gilt:

- Jede Seite von G' ist k-mal so lang wie die ihr entsprechende Seite von G: **a' = k · a, b' = k · b, ...**
  Ist k > 1, so ist G' eine Vergrößerung von G.
  Ist k < 1, so ist G' eine Verkleinerung von G.
  Ist k = 1, so sind G und G' kongruent.
- Für die Flächeninhalte A von G und A' von G' besteht der Zusammenhang: **A' = k² · A**

$A = a \cdot b$

$A' = a' \cdot b'$
$A' = k^2 \cdot A$

$b' = k \cdot b$
$a' = k \cdot a$

Ähnlichkeitsabbildung

Kongruenzabbildungen *(siehe Seite 10 ff.)* und zentrische Streckungen *(siehe Seite 49)* bilden eine Figur auf eine ihr ähnliche Figur ab. Dasselbe gilt für die Hintereinanderausführung von Kongruenzabbildungen und zentrischen Streckungen. Abbildungen dieser Art heißen deshalb auch **Ähnlichkeitsabbildungen**.

Beispiel:

Im Bild wurde das Rechteck ABCD zunächst durch zentrische Streckung auf das Rechteck A'B'C'D' abgebildet. Dieses wurde anschließend gedreht. Jede einzelne dieser Abbildungen wie auch die Hintereinanderausführung beider Abbildungen sind Ähnlichkeitsabbildungen.

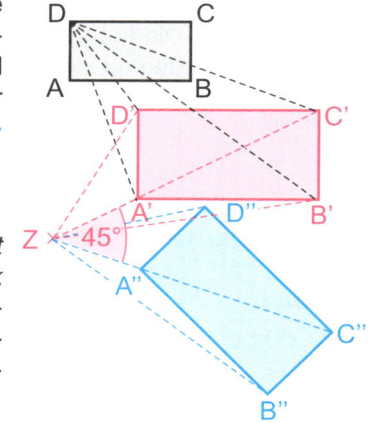

ÄHNLICHKEIT • ZENTRISCHE STRECKUNG • STRAHLENSÄTZE

Streckzentrum Z • Streckfaktor k • Streckfaktor − k **Zentrische Streckung**

Eine zentrische Streckung verkleinert oder vergrößert den Abstand jedes Punktes einer Figur von einem bestimmten Punkt Z um den selben Faktor k, genauer: Eine Abbildung heißt **zentrische Streckung mit dem Streckzentrum Z und dem (positiven) Streckfaktor k**, wenn sie alle Punkte P einer Figur so auf Punkte P' abbildet, dass jeweils gilt:

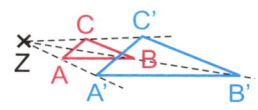

- P' liegt auf der von Z ausgehenden Halbgeraden durch P.
- Für P ≠ Z gilt: $\overline{ZP'} = k \cdot \overline{ZP}$
- Für P = Z gilt: P wird auf sich selbst abgebildet, also P = P'.

Führt man im Anschluss an eine zentrische Streckung mit dem Streckzentrum Z und dem Streckfaktor k eine Punktspiegelung an Z *(siehe Seite 11)* aus, so spricht man von einer **zentrischen Streckung mit negativem Streckfaktor − k.**

Für jede zentrische Streckung gilt:

- Eine zentrische Streckung ist eine Ähnlichkeitsabbildung. Jede Figur wird auf eine ähnliche Figur mit dem Ähnlichkeitsfaktor |k| abgebildet.
- Geraden werden auf parallele Geraden, Strecken auf parallele Strecken abgebildet.

Beispiele:

a) Zentrische Streckung eines Dreiecks ABC an Z mit dem Streckfaktor k = 0,5:
  1) Verbinden von A, B und C mit Z.
  2) Halbieren der Strecken $\overline{ZA}$, $\overline{ZB}$ und $\overline{ZC}$ ergibt A', B' und C'

  Oder:
  2) Halbieren einer der Strecken $\overline{ZA}$ ergibt A'.
  3) Parallelen zu $\overline{AB}$ und $\overline{AC}$ durch A'; Schnittpunkte mit den Strahlen ZB und ZC: B' und C'

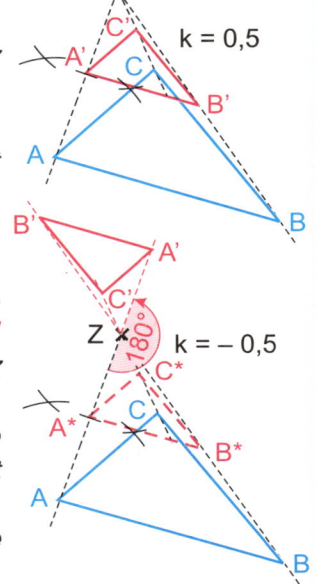

b) Zentrische Streckung eines Dreiecks ABC an Z mit dem Streckfaktor k = − 0,5:
  1) Zentrische Streckung von △ ABC an Z (siehe Beispiel 1) mit dem Streckfaktor k = 0,5 ergibt △ A*B*C*.
  2) Punktspiegelung von △ A*B*C* an Z (siehe Seite 11) ergibt △ A'B'C'.

ÄHNLICHKEIT • ZENTRISCHE STRECKUNG • STRAHLENSÄTZE

Ähnlichkeitssätze für Dreiecke

So, wie die Kongruenzsätze *(Seite 20 ff.)* Aussagen über die Deckungsgleichheit zweier Dreiecke treffen, geben die **Ähnlichkeitssätze für Dreiecke** Bedingungen an, unter denen zwei Dreiecke ähnlich sind.

1) **Dreiecke sind ähnlich, wenn alle drei Längenverhältnisse entsprechender Seiten übereinstimmen.**

    Beispiel:

    $\triangle$ ABC mit a = 4 cm, b = 2 cm und c = 3 cm ist ähnlich zu $\triangle$ A'B'C' mit a' = 6 cm, b' = 3 cm und c' = 4,5 cm. Es gilt nämlich: a' : a = b' : b = c' : c = 1,5

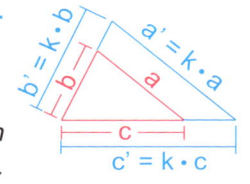

2) **Dreiecke sind ähnlich, wenn sie in zwei Winkeln übereinstimmen.**

    Beispiel:

    Alle rechtwinkligen Dreiecke mit dem Winkel α = 30° sind ähnlich, da einer der beiden anderen Winkel 90° beträgt.

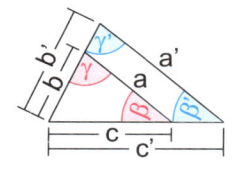

3) **Dreiecke sind ähnlich, wenn zwei Längenverhältnisse entsprechender Seiten übereinstimmen und die von den beiden Seiten eingeschlossenen Winkel jeweils gleich groß sind.**

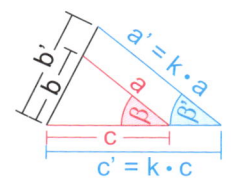

    Beispiel:

    $\triangle$ ABC mit a = 4 cm, c = 3 cm und β = 86° ist ähnlich zu $\triangle$ A'B'C' mit a' = 6 cm, c' = 4,5 cm und β' = 86°. Es gilt nämlich: a' : a = c' : c = 1,5 und β = β' = 86°.

4) **Dreiecke sind ähnlich, wenn zwei Längenverhältnisse entsprechender Seiten übereinstimmen und die den größeren Seiten gegenüberliegenden Winkel jeweils gleich groß sind.**

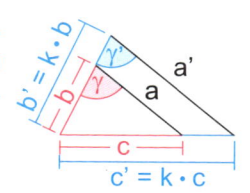

    Beispiel:

    $\triangle$ ABC mit b = 2 cm, c = 3 cm und γ = 72° ist ähnlich zu $\triangle$ A'B'C' mit b' = 3 cm, c' = 4,5 cm und γ' = 72°. Es gilt nämlich: b' : b = c' : c = 1,5 und γ = γ' = 72°.

ÄHNLICHKEIT • ZENTRISCHE STRECKUNG • STRAHLENSÄTZE

Sehnensatz • Sekantensatz • Sekanten-Tangentensatz

Ähnliche Figuren am Kreis

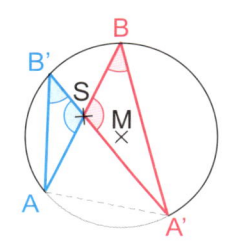

Im Bild links sind $\overline{AB}$ und $\overline{A'B'}$ Sehnen eines Kreises, die sich im Punkt S schneiden. Die Dreiecke $\triangle$ B'AS und $\triangle$ A'BS stimmen in zwei Winkeln überein. Sie sind nach den Ähnlichkeitssätzen für Dreiecke *(siehe Seite 50)* ähnlich. Es gilt: |AS| : |A'S| = |SB'| : |SB|. Schreibt man diese Gleichung als Produktgleichung |AS| • |SB| = |A'S| • |SB'|, so erhält man den **Sehnensatz:**

Schneiden sich zwei Sehnen innerhalb eines Kreises, so ist das Produkt aus den Längen der Abschnitte der einen Sehne genauso groß wie das Produkt aus den Längen der Abschnitte der anderen Sehne.

Im Bild rechts schneiden sich zwei Sekanten s und s' außerhalb des Kreises im Punkt S. Die Strecken SA, SB, SA' und SB' nennt man **Scheitelabschnitte** der Sekanten. Ähnlich wie oben lässt sich zeigen, dass gilt: |SA| • |SB| = |SA'| • |SB'|. Diese Beziehung wird als **Sekantensatz** bezeichnet:

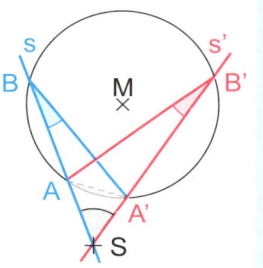

Schneiden sich zwei Sekanten eines Kreises außerhalb des Kreises, so ist das Produkt der beiden Längen der Scheitelabschnitte der einen Sekante genauso groß wie das Produkt der beiden Längen der Scheitelabschnitte der anderen Sekante.

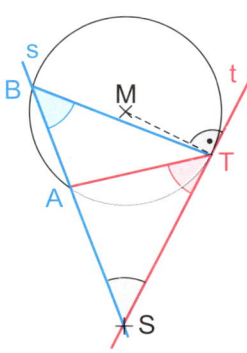

Im Bild links schneiden sich eine Sekante s und eine Tangente t mit dem Berührpunkt T außerhalb des Kreises im Punkt S. Die Strecke ST heißt **Tangentenabschnitt**. Mithilfe des Sehnentangentenwinkelsatzes *(siehe Seite 35)* lässt sich zeigen, dass $\triangle$ AST ähnlich ist zu $\triangle$ BST, da sie in zwei Winkeln übereinstimmen (∢TSA und ∢ATS = ∢TBA). Einander entsprechende Seiten in den beiden Dreiecken sind dabei ST und SB, SA und ST sowie AT und BT. Ähnlich wie oben lässt sich folgern, dass gilt: $|SA| \cdot |SB| = |ST|^2$. Diese Beziehung bezeichnet man als **Sekanten-Tangentensatz:**

Schneiden sich eine Sekante und eine Tangente eines Kreises außerhalb des Kreises, so ist das Produkt der beiden Längen der Scheitelabschnitte der Sekante genauso groß wie das Quadrat der Länge des Tangentenabschnitts.

ÄHNLICHKEIT • ZENTRISCHE STRECKUNG • STRAHLENSÄTZE

Strahlensätze   *1. Strahlensatz • 2. Strahlensatz*

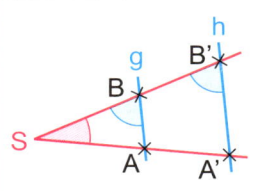

Im Bild werden zwei Strahlen mit dem gemeinsamen Anfangspunkt S von zwei parallelen Geraden g und h geschnitten. Die Strecken SA, SB, SA' und SB' nennt man **Scheitelabschnitte**. Die Dreiecke Δ SAB und Δ SA'B' stimmen in zwei Winkeln überein. Sie sind nach den Ähnlichkeitssätzen für Dreiecke *(siehe Seite 50)* ähnlich. Hieraus lässt sich folgern |SA| : |SA'| = |SB| : |SB'| = |AB| : |A'B'|. Wegen |SA| + |AA'| = |SA'| und |SB| + |BB'| = |SB'| gilt auch |SA| : |AA'| = |SB| : |BB'|. Diese Beziehungen werden in den **Strahlensätzen** formuliert:

Erster Strahlensatz: Werden zwei von einem Punkt ausgehende Strahlen von zwei parallelen Geraden geschnitten, so verhalten sich die Abschnitte auf dem einen Strahl wie die entsprechenden Abschnitte auf dem anderen Strahl. 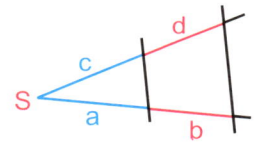
Im Bild rechts gilt danach: a : b = c : d und a : (a + b) = c : (c + d)

Zweiter Strahlensatz: Werden zwei von einem Punkt ausgehende Strahlen von zwei parallelen Geraden geschnitten, so verhalten sich die Abschnitte auf den Parallelen wie die entsprechenden Scheitelabschnitte auf den Strahlen. 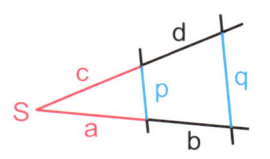
Im Bild rechts gilt danach: p : q = a : (a + b) = c : (c + d)

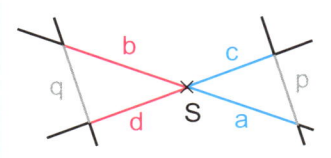

Beide Strahlensätze gelten auch an von Parallelen geschnittenen Geraden wie im Bild links, wenn der Schnittpunkt der Geraden zwischen den Parallelen liegt.
Im Bild links gilt: a : b = c : d = p : q

Hinweis: *Während bei Aufgaben nach dem ersten Strahlensatz auch die Strecken AA' und BB' verwendet werden dürfen, ist dies bei Aufgaben nach dem zweiten Strahlensatz nicht möglich. Dort müssen* **immer** *die entsprechenden* **Scheitelabschnitte** *betrachtet werden.*

Beispiel:

In der Zeichnung ist g || h. Berechne die fehlenden Längen. (Angaben in cm)

Nach dem 1. Strahlensatz gilt:
x : 3 cm = 2 cm : 4 cm; also: **x = 1,5 cm**

Nach dem zweiten Strahlensatz gilt:
y : 3 cm = 2 cm : (2 + 4) cm; also: **y = 1 cm**

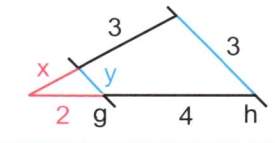

ÄHNLICHKEIT • ZENTRISCHE STRECKUNG • STRAHLENSÄTZE

Teilpunkt • innere / äußere Teilung • harmonische Teilung

Teilung einer Strecke

Mithilfe der Strahlensätze *(siehe Seite 52)* lässt sich jede Strecke in einem bestimmten Verhältnis m : n teilen. Zum Beispiel wird in den beiden Bildern die Strecke $\overline{AB}$ vom **Teilpunkt T_i** im Verhältnis 3 : 2 geteilt. Im linken Bild erfolgt dies nach dem 1., im rechten Bild nach dem 2. Strahlensatz. In beiden Fällen gilt $|\overline{AT_i}| : |\overline{T_iB}|$ = 3 : 2. Da T_i **zwischen** A und B liegt, spricht man auch von **innerer Teilung** der Strecke $\overline{AB}$.

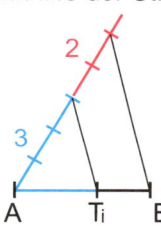

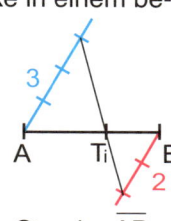

Aufgabe: (Innere) Teilung einer Strecke $\overline{AB}$ im Verhältnis m : n

Konstruktion nach dem 1. Strahlensatz (Bild oben links):

1. Antragen eines Strahles an $\overline{AB}$ mit dem Anfangspunkt A und abtragen von (m + n) gleich langen Teilstrecken auf dem Strahl
2. Verbinden des Endpunktes der (m + n)-ten Teilstrecke mit B
3. Parallele dazu durch den Endpunkt der m-ten Teilstrecke; Schnittpunkt mit $\overline{AB}$: T_i

Konstruktion nach dem 2. Strahlensatz (Bild oben rechts):

1. Antragen eines Strahles an $\overline{AB}$ mit dem Anfangspunkt A und abtragen von m gleich langen Teilstrecken auf dem Strahl
2. Antragen eines zum ersten Strahl parallelen Strahles an $\overline{AB}$ mit dem Anfangspunkt B zur anderen Seite von $\overline{AB}$ und abtragen von n gleich langen Teilstrecken auf dem Strahl
3. Verbinden des Endpunktes der m-ten Teilstrecke des 1. Strahles mit dem Endpunkt der n-ten Teilstrecke des 2. Strahles; Schnittpunkt mit $\overline{AB}$: T_i

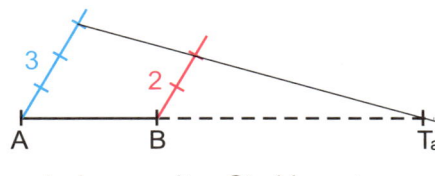

Auch im Bild links gilt: $|\overline{AT_a}| : |\overline{T_aB}|$ = 3 : 2. Da T_a **auf der Verlängerung** von $\overline{AB}$, also außerhalb von $\overline{AB}$ liegt, spricht man auch von **äußerer Teilung** der Strecke. Die äußere Teilung erfolgt meistens nach dem zweiten Strahlensatz.

Wurde eine Strecke wie im Bild rechts innen und außen jeweils im gleichen Verhältnis geteilt, so heißt diese Teilung **harmonische Teilung**.

53

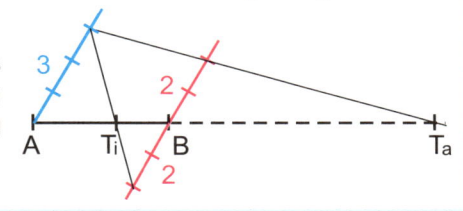

TRIGONOMETRIE

Winkelfunktionen im rechtwinkligen Dreieck

$$\sin \alpha = \frac{\text{Gegenkathete}}{\text{Hypotenuse}} \qquad \cos \alpha = \frac{\text{Ankathete}}{\text{Hypotenuse}}$$

$$\tan \alpha = \frac{\text{Gegenkathete}}{\text{Ankathete}}$$

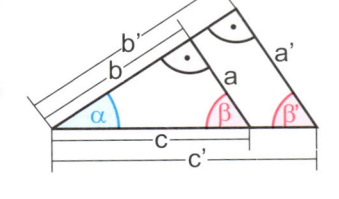

Nach den Ähnlichkeitssätzen für Dreiecke *(siehe Seite 50)* sind alle rechtwinkligen Dreiecke mit einem gemeinsamen Winkel $\alpha \neq 90°$ ähnlich.
Im Bild rechts gilt also: a' : a = c' : c, b' : b = c' : c und a' : a = b' : b. Formt man diese Gleichungen um, erhält man die Beziehungen:
a : c = a' : c', b : c = b' : c' und a : b = a' : b'.
In einem rechtwinkligen Dreieck mit $\alpha \neq 90°$ legt der Winkel α also das Längenverhältnis zweier Seiten eindeutig fest. Man definiert:

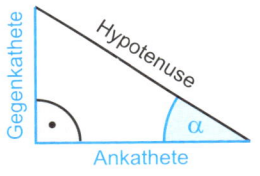

$$\sin \alpha = \frac{\text{Gegenkathete}}{\text{Hypotenuse}}$$

$$\cos \alpha = \frac{\text{Ankathete}}{\text{Hypotenuse}}$$

$$\tan \alpha = \frac{\text{Gegenkathete}}{\text{Ankathete}}$$

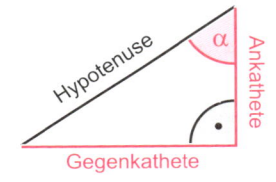

Dabei heißt die dem Winkel α anliegende Kathete **Ankathete**, die ihm gegenüberliegende Kathete **Gegenkathete**. Man kann $\sin \alpha$, $\cos \alpha$ und $\tan \alpha$ als Funktionen auffassen, die jedem Winkel α mit $0° < \alpha < 90°$ eine reelle Zahl zuordnen und spricht in diesem Zusammenhang von **Winkelfunktionen**.

Beziehungen zwischen den Winkelfunktionen

$$\sin \alpha = \cos (90° - \alpha) \qquad \cos \alpha = \sin (90° - \alpha)$$

$$\tan \alpha = \frac{\sin \alpha}{\cos \alpha} \qquad \tan \alpha = \frac{1}{\tan (90° - \alpha)}$$

$$(\sin \alpha)^2 + (\cos \alpha)^2 = 1$$

Da im rechtwinkligen Dreieck mit den Winkeln $\alpha \neq 90°$ und $\beta \neq 90°$ stets die Gegenkathete von α zugleich auch Ankathete von β ist und außerdem $\beta = 90° - \alpha$ ist, gilt:

$\sin \alpha = \cos (90° - \alpha)$ und $\cos \alpha = \sin (90° - \alpha)$

$\tan \alpha = \frac{\sin \alpha}{\cos \alpha}$ und $\tan \alpha = \frac{1}{\tan (90° - \alpha)}$

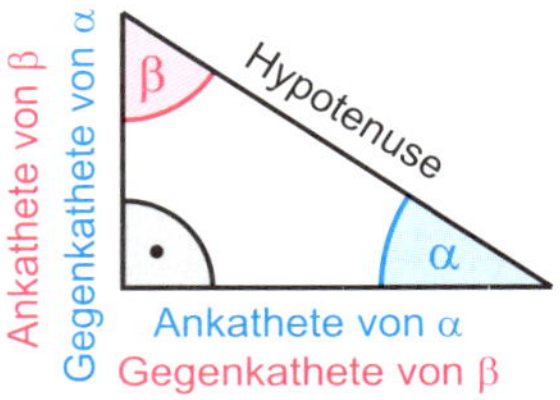

Außerdem gilt: $(\sin \alpha)^2 + (\cos \alpha)^2 = 1$

Beispiele:

1) $\sin 20° = \cos (90° - 20°) = \cos 70°$

2) $\cos 20° = \sin (90° - 20°) = \sin 70°$

3) $\tan 20° = \frac{\sin 20°}{\cos 20°} = \frac{\cos 70°}{\sin 70°} = \frac{1}{\tan 70°}$

4) $(\sin 20°)^2 + (\cos 20°)^2 = 1$

TRIGONOMETRIE

Bestimmung von Winkelfunktionswerten

Übersicht über ausgewählte Winkelfunktionswerte

Zu jedem Winkel α mit 0° < α < 90° gibt es jeweils genau einen **Winkelfunktionswert** sin α, cos α und tan α. Die Winkelfunktionswerte für die meisten Winkel sind irrationale Zahlen. Sie lassen sich näherungsweise mit dem Taschenrechner bestimmen.

Für 0° < α < 90° gilt: **0 < sin α < 1** und **0 < cos α < 1** sowie **tan α > 0**. Für α = 0° und α = 90° wird festgelegt: **sin 0° = 0** und **sin 90° = 1**. Daraus ergibt sich mithilfe der Beziehungen zwischen den Winkelfunktionen *(siehe Seite 54)*: **cos 0° = 1** und **cos 90° = 0** sowie **tan 0° = 0**. tan 90° ist nicht definiert.

Umgekehrt lässt sich zu jeder reellen Zahl z mit 0 ≤ z ≤ 1 eindeutig derjenige Winkel α mit 0° ≤ α ≤ 90° bestimmen, für den gilt: sin α = z bzw. cos α = z. Entsprechend gibt es zu jedem z mit z ≥ 0 genau einen Winkel α mit 0° ≤ α < 90°, für den gilt: tan α = z.

Beispiele:

1) sin 15° ≈ 0,2588; cos 15° ≈ 0,9659; tan 15° ≈ 0,2679
2) sin 53,2° ≈ 0,8007; cos 53,2° ≈ 0,5990; tan 53,2° ≈ 1,3367
3) sin 79,8° ≈ 0,9842; cos 79,8° ≈ 0,1771; tan 79,8° ≈ 5,5578
4) sin α = 0,25: α ≈ 14,5°; sin α = 0,8: α ≈ 53,1°; sin α = 0,99: α ≈ 81,9°
5) cos α = 0,25: α ≈ 75,5°; cos α = 0,8: α ≈ 36,9°; cos α = 0,99: α ≈ 8,1°
6) tan α = 0,79: α ≈ 38,3°; tan α = 9,8: α ≈ 84,2°; tan α = 68,2: α ≈ 89,2°

Einige Winkelfunktionswerte lassen sich mithilfe spezieller rechtwinkliger Dreiecke berechnen. Im gleichseitigen Dreieck mit der Seitenlänge a und der Höhe h_a gilt:

$\sin 60° = h_a : a = \frac{a}{2}\sqrt{3} : a = \frac{1}{2}\sqrt{3}$ und **$\sin 30° = \frac{a}{2} : a = \frac{1}{2}$**

Auf Grund der Beziehungen zwischen den Winkelfunktionen *(siehe Seite 54)* ergibt sich daraus:

$\cos 30° = \frac{1}{2}\sqrt{3}$, $\cos 60° = \frac{1}{2}$, $\tan 30° = \frac{1}{3}\sqrt{3}$, $\tan 60° = \sqrt{3}$

Mithilfe der Diagonale im Quadrat lässt sich berechnen:

$\sin 45° = \cos 45° = a : d = a : (a\sqrt{2}) = \frac{1}{2}\sqrt{2}$ sowie

$\tan 45° = a : a = 1$

Zusammen mit den Festlegungen oben ergibt sich daraus die rechts stehende **Übersicht über ausgewählte Winkelfunktionswerte.**

α	0°	30°	45°	60°	90°
sin α	0	$\frac{1}{2}$	$\frac{1}{2}\sqrt{2}$	$\frac{1}{2}\sqrt{3}$	1
cos α	1	$\frac{1}{2}\sqrt{3}$	$\frac{1}{2}\sqrt{2}$	$\frac{1}{2}$	0
tan α	0	$\frac{1}{3}\sqrt{3}$	1	$\sqrt{3}$	—

TRIGONOMETRIE

Winkelfunktionen für beliebige Winkel

$sin\ (\alpha + k \cdot 360°) = sin\ \alpha$
$cos\ (\alpha + k \cdot 360°) = cos\ \alpha$
$tan\ (\alpha + k \cdot 180°) = tan\ \alpha$

Die Winkelfunktionen für rechtwinklige Dreiecke *(siehe Seite 54)* lassen sich auf Winkel erweitern, die größer als 90° bzw. kleiner als 0° sind. Die Bilder zeigen die Sinusfunktion, die Kosinusfunktion und die Tangensfunktion jeweils im Bereich von – 270° bis 540°. Gibt man diese Winkel im Bogenmaß *(siehe Seite 38)* an, so entspricht dies dem Intervall von – 1,5 π bis 3 π.

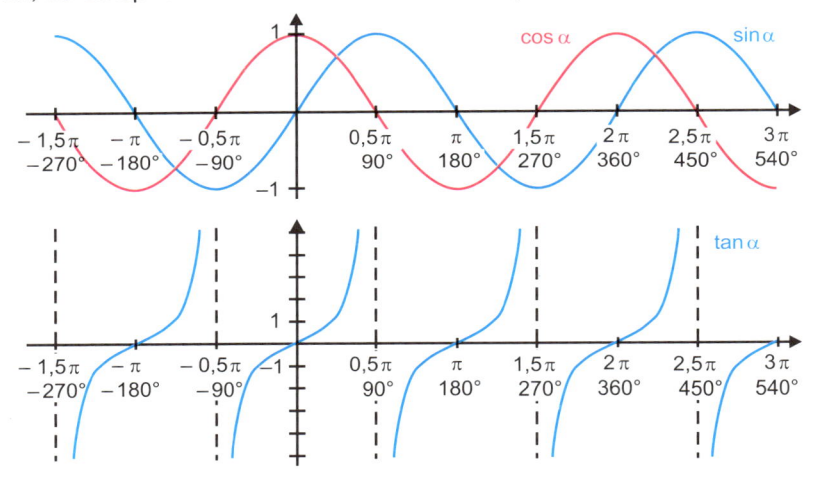

Die Winkelfunktionen haben folgende **Eigenschaften**:
- Die Sinusfunktion und die Kosinusfunktion sind periodisch mit der Periode 360° bzw. 2 π. Es gilt für alle Winkel α und für jede ganze Zahl k:
  sin (α + k · 360°) = sin α   **cos (α + k · 360°) = cos α**

  Die Tangensfunktion ist periodisch mit der Periode 180° bzw. π. Es gilt für alle Winkel α ≠ 90° + k · 180° und für jede ganze Zahl k:
  tan (α + k · 180°) = tan α

- Die Graphen der Sinusfunktion und der Tangensfunktion sind punktsymmetrisch zum Ursprung des Koordinatensystems. Es gilt:
  sin (– α) = – sin α   **tan (– α) = – tan α**

- Der Graph der Kosinusfunktion ist achsensymmetrisch zur y-Achse. Es gilt:
  cos (– α) = cos α

- Außerdem gilt:
  sin (α + 180°) = – sin α   **cos (α + 180°) = – cos α**
  sin (180° – α) = sin α   **cos (180° – α) = – cos α**
  sin (α – 90°) = – cos α   **cos (α – 90°) = sin α**

TRIGONOMETRIE

Additionssätze erster Art

$\sin(\alpha \pm \beta)$ $\cos(\alpha \pm \beta)$ $\tan(\alpha \pm \beta)$

Sätze, die Aussagen machen über die Sinus-, Kosinus- oder Tangenswerte der Summe oder Differenz zweier Winkel, heißen **Additionssätze** oder **Additionstheoreme erster Art**. Es gilt:

$$\sin(\alpha + \beta) = \sin\alpha \cdot \cos\beta + \cos\alpha \cdot \sin\beta$$
$$\sin(\alpha - \beta) = \sin\alpha \cdot \cos\beta - \cos\alpha \cdot \sin\beta$$
$$\cos(\alpha + \beta) = \cos\alpha \cdot \cos\beta - \sin\alpha \cdot \sin\beta$$
$$\cos(\alpha - \beta) = \cos\alpha \cdot \cos\beta + \sin\alpha \cdot \sin\beta$$
$$\tan(\alpha + \beta) = \frac{\tan\alpha + \tan\beta}{1 - \tan\alpha \cdot \tan\beta} \qquad \tan(\alpha - \beta) = \frac{\tan\alpha - \tan\beta}{1 + \tan\alpha \cdot \tan\beta}$$

Beispiele:

1) $\sin(\alpha + 90°) = \sin\alpha \cdot \cos 90° + \cos\alpha \cdot \sin 90° = \cos\alpha$
2) $\cos(\alpha + 90°) = \cos\alpha \cdot \cos 90° - \sin\alpha \cdot \sin 90° = -\sin\alpha$
3) $\cos 15° = \cos(45° - 30°) = \cos 45° \cdot \cos 30° + \sin 45° \cdot \sin 30°$
   $= 0{,}5 \cdot \sqrt{2} \cdot 0{,}5 \cdot \sqrt{3} + 0{,}5 \cdot \sqrt{2} \cdot 0{,}5 = \mathbf{0{,}25\sqrt{2}\,(\sqrt{3} + 1)} \approx 0{,}9659$
4) $\sin 2\alpha = \sin(\alpha + \alpha) = \sin\alpha \cdot \cos\alpha + \cos\alpha \cdot \sin\alpha = \mathbf{2\sin\alpha\cos\alpha}$
5) $\cos 2\alpha = \cos(\alpha + \alpha) = \cos\alpha \cdot \cos\alpha - \sin\alpha \cdot \sin\alpha = \mathbf{(\cos\alpha)^2 - (\sin\alpha)^2}$
6) $\tan 120° = \tan(180° - 60°) = \dfrac{\tan 180° - \tan 60°}{1 + \tan 180° \cdot \tan 60°} = -\tan 60° = \mathbf{-\sqrt{3}}$

Additionssätze zweiter Art

$\sin\alpha \pm \sin\beta$ $\cos\alpha \pm \cos\beta$ $\tan\alpha \pm \tan\beta$

Sätze, die Aussagen machen über die Summe oder Differenz von Sinus-, Kosinus- oder Tangenswerten zweier Winkel, heißen **Additionssätze** oder **Additionstheoreme zweiter Art**. Es gilt:

$$\sin\alpha + \sin\beta = 2\sin\frac{\alpha+\beta}{2}\cos\frac{\alpha-\beta}{2} \qquad \sin\alpha - \sin\beta = 2\cos\frac{\alpha+\beta}{2}\sin\frac{\alpha-\beta}{2}$$
$$\cos\alpha + \cos\beta = 2\cos\frac{\alpha+\beta}{2}\cos\frac{\alpha-\beta}{2} \qquad \cos\alpha - \cos\beta = -2\sin\frac{\alpha+\beta}{2}\sin\frac{\alpha-\beta}{2}$$
$$\tan\alpha + \tan\beta = \frac{\sin(\alpha+\beta)}{\cos\alpha\cos\beta} \qquad \tan\alpha - \tan\beta = \frac{\sin(\alpha-\beta)}{\cos\alpha\cos\beta}$$

Beispiele:

1) $\sin 40° + \sin 20° = 2 \cdot \sin 30° \cdot \cos 10° = 2 \cdot 0{,}5 \cdot \cos 10° = \mathbf{\cos 10°} \approx \mathbf{0{,}9848}$
2) $\cos 40° - \cos 20° = -2 \cdot \sin 30° \cdot \sin 10° = -2 \cdot 0{,}5 \cdot \sin 10°$
   $= \mathbf{-\sin 10°} \approx -0{,}1736$

TRIGONOMETRIE

Sinussatz $a : b : c = \sin \alpha : \sin \beta : \sin \gamma$

Auch in Dreiecken ohne rechten Winkel bestehen zwischen Seitenlängen und Winkeln bestimmte Zusammenhänge. So gilt in jedem Dreieck der **Sinussatz:**

Die Längen zweier Seiten verhalten sich zueinander wie die Sinuswerte der ihnen gegenüberliegenden Winkel.

Für ein Dreieck mit den Seiten a, b und c sowie den ihnen jeweils gegenüberliegenden Winkeln α, β und γ gilt deshalb:

$$\frac{a}{b} = \frac{\sin \alpha}{\sin \beta} \qquad \frac{a}{c} = \frac{\sin \alpha}{\sin \gamma} \qquad \frac{b}{c} = \frac{\sin \beta}{\sin \gamma}$$

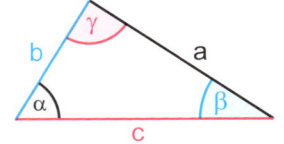

Dieser Satz wird oft auch in der Form **a : b : c = sin α : sin β : sin γ** geschrieben.

Mithilfe des Sinussatzes lassen sich fehlende Stücke in Dreiecken berechnen, die nach den Kongruenzsätzen WSW, SWW *(siehe Seite 21)* und SsW *(siehe Seite 22)* bis auf die Lage eindeutig bestimmt sind.

Beispiele: *siehe Seite 59*

Kosinussatz

$$a^2 = b^2 + c^2 - 2bc \cos \alpha$$
$$b^2 = a^2 + c^2 - 2ac \cos \beta$$
$$c^2 = a^2 + b^2 - 2ab \cos \gamma$$

Jede Dreiecksseite lässt sich aus den beiden anderen Seiten und dem ihr gegenüberliegenden Winkel berechnen. Der genaue Zusammenhang wird im **Kosinussatz** formuliert:

Für ein Dreieck mit den Seiten a, b und c sowie den ihnen jeweils gegenüberliegenden Winkeln α, β und γ gilt:

$$c^2 = a^2 + b^2 - 2 \cdot a \cdot b \cdot \cos \gamma$$
$$b^2 = a^2 + c^2 - 2 \cdot a \cdot c \cdot \cos \beta$$
$$a^2 = b^2 + c^2 - 2 \cdot b \cdot c \cdot \cos \alpha$$

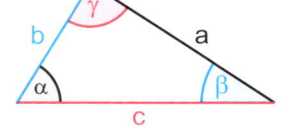

Mithilfe des Kosinussatzes lassen sich fehlende Stücke in Dreiecken berechnen, die nach den Kongruenzsätzen SSS und SWS *(siehe Seite 20)* bis auf die Lage eindeutig bestimmt sind.

Beispiele: *siehe Seite 59*

Hinweis: *Für ein rechtwinkliges Dreieck mit γ = 90° ergibt sich aus dem Kosinussatz der Satz des Pythagoras, da aus $c^2 = a^2 + b^2 - 2 \cdot a \cdot b \cdot \cos \gamma$ folgt:*
$c^2 = a^2 + b^2 - 2 \cdot a \cdot b \cdot \cos 90° = a^2 + b^2 - 2 \cdot a \cdot b \cdot 0 = a^2 + b^2$

TRIGONOMETRIE

Dreiecksberechnungen

Mithilfe der Winkelfunktionen lassen sich unbekannte Seitenlängen oder Winkel berechnen, wenn bestimmte Seitenlängen oder Winkel bekannt sind. Die gegebenen Stücke in den folgenden Beispielen bestimmen das gesuchte Dreieck bis auf seine Lage eindeutig. Dies folgt aus den Kongruenzsätzen *(siehe Seiten 20 ff.)*. Der jeweilige Kongruenzsatz ist in den Beispielen angegeben.

Beispiele: Zu berechnen sind jeweils die fehlenden Seiten und Winkel.

1) Gegeben: $\alpha = 90°$, $\gamma = 48°$, $b = 2$ cm (WSW)

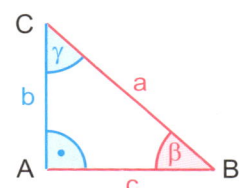

   - $\beta = 90° - \gamma$; $\beta = 90° - 48°$ **= 42°**
   - $\sin \beta = \frac{b}{a}$; $a = \frac{b}{\sin \beta}$; $a = \frac{2\,cm}{\sin 42°}$ **≈ 3,0 cm**
   - $\tan \beta = \frac{b}{c}$; $c = \frac{b}{\tan \beta}$; $c = \frac{2\,cm}{\tan 42°}$ **≈ 2,2 cm**

2) Gegeben: $c = 2{,}5$ cm, $\alpha = 40°$, $\gamma = 72°$ (SWW)

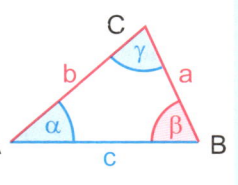

   - $\beta = 180° - \alpha - \gamma$; $\beta = 180° - 40° - 72°$ **= 68°**
   - $\frac{a}{c} = \frac{\sin \alpha}{\sin \gamma}$; $a = \frac{c \cdot \sin \alpha}{\sin \gamma}$; $a = \frac{2{,}5\,cm \cdot \sin 40°}{\sin 72°}$ **≈ 1,7 cm**
   - $\frac{b}{c} = \frac{\sin \beta}{\sin \gamma}$; $b = \frac{c \cdot \sin \beta}{\sin \gamma}$; $b = \frac{2{,}5\,cm \cdot \sin 68°}{\sin 72°}$ **≈ 2,4 cm**

3) Gegeben: $a = 1{,}7$ cm, $b = 2{,}4$ cm, $\beta = 68°$ (SsW)

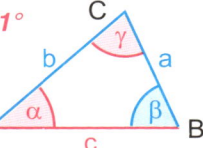

   - $\frac{a}{b} = \frac{\sin \alpha}{\sin \beta}$; $\sin \alpha = \frac{a \cdot \sin \beta}{b}$; $\sin \alpha = \frac{1{,}7\,cm \cdot \sin 68°}{2{,}4\,cm}$; **$\alpha \approx 41°$**

   Wegen $\sin \alpha = \sin(180° - \alpha)$ gilt außerdem $\alpha' \approx 139°$. Da aber $\alpha' + \beta > 180°$, scheidet diese Lösung aus.

   - $\gamma = 180° - \alpha - \beta$; $\gamma = 180° - 41° - 68°$ **= 71°**
   - $\frac{c}{b} = \frac{\sin \gamma}{\sin \beta}$; $c = \frac{b \cdot \sin \gamma}{\sin \beta}$; $c = \frac{2{,}4\,cm \cdot \sin 71°}{\sin 68°}$ **≈ 2,4 cm**

4) Gegeben: $b = 2{,}4$ cm, $c = 2{,}5$ cm, $\alpha = 40°$ (SWS)

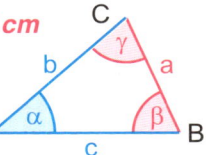

   - $a^2 = b^2 + c^2 - 2bc \cos \alpha$;
     $a^2 = (2{,}4^2 + 2{,}5^2 - 2 \cdot 2{,}4 \cdot 2{,}5 \cdot \cos 40°)\,cm^2$; **$a \approx 1{,}7$ cm**
   - $c^2 = a^2 + b^2 - 2ab \cos \gamma$; $\cos \gamma = (a^2 + b^2 - c^2) : 2ab$
     $\cos \gamma = (1{,}7^2 + 2{,}4^2 - 2{,}5^2) : (2 \cdot 1{,}7 \cdot 2{,}4)$; **$\gamma \approx 73°$**
   - $\beta = 180° - \alpha - \gamma$; $\beta = 180° - 40° - 73°$ **= 67°**

FORMELN AUF EINEN BLICK

Dreiecke

Allgemeine Dreiecke:
Innenwinkel: $\alpha + \beta + \gamma = 180°$
Umfang: $U = a + b + c$
Flächeninhalt: $A = \frac{1}{2} a \cdot h_a = \frac{1}{2} b \cdot h_b = \frac{1}{2} c \cdot h_c$
Sinussatz: $a : b : c = \sin \alpha : \sin \beta : \sin \gamma$
Kosinussatz: $a^2 = b^2 + c^2 - 2bc \cdot \cos \alpha$
$b^2 = a^2 + c^2 - 2ac \cdot \cos \beta$
$c^2 = a^2 + b^2 - 2ab \cdot \cos \gamma$

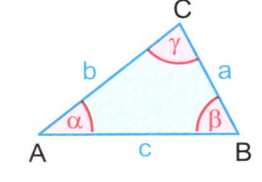

Gleichseitige Dreiecke:
Innenwinkel: $\alpha = \beta = \gamma = 60°$
Umfang: $U = 3a$
Flächeninhalt: $A = \frac{1}{4} a^2 \sqrt{3}$

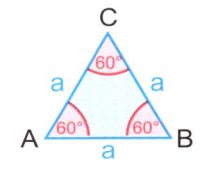

Rechtwinklige Dreiecke ($\gamma = 90°$):
Innenwinkel: $\alpha + \beta = 90°$
Flächeninhalt: $A = \frac{1}{2} ab$
Satz des Pythagoras: $a^2 + b^2 = c^2$
Kathetensatz: $a^2 = c \cdot p \qquad b^2 = c \cdot q$
Höhensatz: $h^2 = p \cdot q$
Winkelfunktionen: $a : c = \sin \alpha \qquad b : c = \cos \alpha \qquad a : b = \tan \alpha$

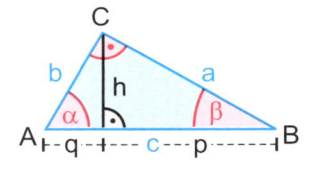

Vierecke

Allgemeine Vierecke:
Innenwinkel: $\alpha + \beta + \gamma + \delta = 360°$
Umfang: $U = a + b + c + d$

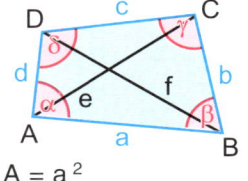

Spezielle Vierecke:
Quadrat: $U = 4a \qquad A = a^2$
Rechteck ($a = c$): $U = 2a + 2b \qquad A = a \cdot b$
Parallelogramm ($a \parallel c$): $U = 2a + 2b \qquad A = a \cdot h_a = b \cdot h_b$
Raute/Rhombus: $U = 4a \qquad A = \frac{1}{2} \cdot e \cdot f$
Trapez ($a \parallel c$): $U = a + b + c + d \qquad A = m \cdot h = \frac{1}{2} \cdot (a + c) \cdot h$
Drachenviereck ($a = b$): $U = 2a + 2c \qquad A = \frac{1}{2} \cdot e \cdot f$

FORMELN AUF EINEN BLICK

Kreis und Kreisteile

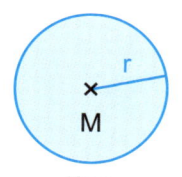

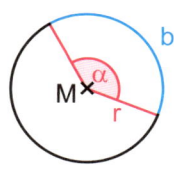

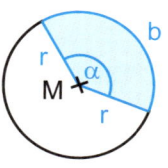

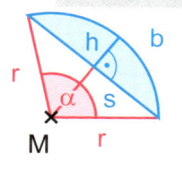

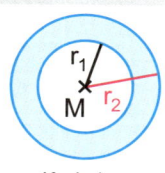

Kreis — *Kreisbogen* — *Kreisausschnitt* — *Kreisabschnitt* — *Kreisring*

Kreis: $U = 2\pi r$ $\qquad A = \pi r^2$

Bogenlänge: $b = \frac{\alpha}{180°} \cdot \pi r$

Bogenmaß x von ∡α: $x = \frac{\alpha}{180°} \cdot \pi$

Kreisausschnitt: $U = b + 2r = \frac{\alpha}{180°} \cdot \pi r + 2r$ $\qquad A = \frac{1}{2} b r = \frac{\alpha}{360°} \cdot \pi r^2$

Kreisabschnitt: $U = b + s = \frac{\alpha}{180°} \cdot \pi r + s$ $\qquad A = \frac{1}{2} b r - \frac{1}{2} s (r - h)$

Kreisring ($r_2 > r_1$): $U = 2\pi (r_1 + r_2)$ $\qquad A = \pi (r_2^2 - r_1^2)$

Skizzen und Bezeichnungen auf den Seiten 42 bis 47

Körper

Würfel:	$O = 6 a^2$	$V = a^3$
Quader:	$O = 2(ab + bc + ac)$	$V = a \cdot b \cdot c$
Prisma:	$M = u \cdot h$ $O = 2 \cdot G + M$	$V = G \cdot h$
Pyramide:	$O = G + M$	$V = \frac{1}{3} \cdot G \cdot h$
Quadratische Pyramide:	$M = 2 \cdot a \cdot h_a$ $O = a^2 + 2 \cdot a \cdot h_a$	$V = \frac{1}{3} \cdot a^2 \cdot h$
Rechteckpyramide:	$M = a \cdot h_a + b \cdot h_b$ $O = a \cdot b + a \cdot h_a + b \cdot h_b$	$V = \frac{1}{3} \cdot a \cdot b \cdot h$
Tetraeder:	$M = \frac{3}{4} a^2 \sqrt{3}$ $O = a^2 \sqrt{3}$	$V = \frac{1}{12} a^3 \sqrt{2}$
Zylinder:	$M = 2 \pi r h$ $O = 2 \pi r^2 + 2 \pi r h = 2 \pi r (r + h)$	$V = \pi r^2 \cdot h$
Kegel:	$M = \pi r s$ $O = \pi r^2 + \pi r s = \pi r (r + s)$	$V = \frac{1}{3} \pi r^2 \cdot h$
Kegelstumpf:	$M = \pi \cdot (r_1 + r_2) \cdot s$ $O = \pi \cdot [r_1^2 + r_2^2 + (r_1 + r_2) \cdot s]$	$V = \frac{1}{3} \pi (r_1^2 + r_1 r_2 + r_2^2) \cdot h$
Kugel:	$O = 4 \pi r^2$	$V = \frac{4}{3} \pi r^3$

REGISTER

A

Achsenspiegelung 12
Achsensymmetrie 13
achsensymmetrisches Trapez 29
Achteck, regelmäßiges 33
Additionssätze/Additionstheoreme 57
Ähnlichkeit 48
~sabbildung 48
~sfaktor 48
~sätze für Dreiecke 50
ähnliche Figuren am Kreis 51
Anfangspunkt eines Strahls 4
Ankathete 54
äußere Tangente 37
äußere Teilung einer Strecke 53
Außenwinkel eines Dreiecks 14
~satz 15

B

Basis eines gleichschenkligen Dreiecks . 18
Basiswinkel 18
Berührpunkt, ~radius 34
Bogen 34
~länge 38
~maß eines Winkels 38

C

Cavalieri, Satz des 46
Cosinus . . . . (siehe Kosinus)

D

Deckungsgleichheit 10
Diagonale 26
Drachenviereck 30
Drehsinn eines Winkels 5
Drehung 11
Drehsymmetrie 13
Drehwinkel, ~zentrum 11
Dreieck 14
~sberechnungen (Trigonometrie) 59
~skonstruktionen . . . . 19 ff.
~sungleichung 15
Bezeichnungen 14
Flächeninhalt 23
Flächensätze am rechtwinkligen ~ . 24 f.
Formelübersicht 60
gleichschenkliges ~, gleichseitiges ~ . 18
Innenwinkelsumme 15
rechtwinkliges ~ 14
regelmäßiges ~ 33
spitzwinkliges ~ 14
stumpfwinkliges ~ 14
Umfang 23
Durchmesser 34

E

Ecken eines Körpers 40
Eckpunkte eines Dreiecks 14
~ eines Vielecks 26
Endpunkt einer Strecke 4

F

Fixpunkt der Achsenspiegelung 12
Flächeninhalt . . . . (siehe jeweilige Figur)
Flächensätze am rechtwinkligen Dreieck 24 f.
Flächenumwandlungen 25
Fünfeck, regelmäßiges 33

G

Gegenkathete 54
Gerade 4
Geradenbüschel 4
Geradenkreuzung 6, 7
Geradenschar 4
orthogonale Geraden 8
parallele Geraden 4
senkrechte Geraden 8
Geradenspiegelung 12
gleichschenkliges Dreieck 18
~ Trapez 29
gleichseitiges Dreieck 18
Grad (Winkelmaß) 5
Größe eines Winkels 5
Grundseite eines Trapezes 29

H

Halbdrehung 11
Halbkreis 35
Halbgerade 4
harmonische Teilung 53
Hexaeder 42
Höhe im Dreieck 17
~ eines Körpers . (siehe jeweiliger Körper)
~ eines Trapezes 29
Höhensatz 24
Hypotenuse 14
Hypotenusenabschnitt 24

I

Inkreis eines Dreiecks 17
~ eines Vierecks 32
Innenwinkel eines Dreiecks 14
Innenwinkelsumme im Dreieck 15
~ im Vieleck 26
~ im Viereck 27
innere Tangente 37
innere Teilung einer Strecke 53

62

REGISTER

K

Kante eines Körpers **40**
Kathete **14**
Kathetensatz **25**
Kegel **45**
Kegelstumpf **47**
Körper **40**
  Abwicklung in die Ebene 41
  Bezeichnungen 40
  Formelübersicht 61
  gerade ~ 46
  Kegel 45
  Kegelstumpf 47
  Kugel 47
  Prisma 43
  Pyramide 44
  Pyramidenstumpf 47
  Quader 42
  Satz des Cavalieri 46
  schiefe ~ 46
  Würfel 42
  Zylinder 45
Kongruenz **10**
  ~abbildung 10
  ~sätze .... 19 ff.
konvex **26**
konzentrische Kreise **39**
Kosinus eines Winkels **54**
  ~funktion 56
  ~satz 58
Kreis **34**
  ~ abschnitt 39
  ~ aus drei Punkten konstruieren 36
  ~ ausschnitt 39
  ~bogen 38
  ~berechnung 38
  ~ring 39
  ~zahl π 38
  Bezeichnungen 34
  Flächeninhalt 38
  Formelübersicht 61
  konzentrische Kreise 39
  Segment 39
  Sehne 34
  Sehnensatz 51
  Sekante 34
  Sekantensatz 51
  Sekanten-Tangentensatz 51
  Sektor 39
  Umfang 38
  Winkel am ~ 34
  Winkelsätze am ~ 35
Kugel **47**

L

Länge einer Strecke **4**
Linksdrehung **11**
Lot, ~fußpunkt **8**, 9

M

Mantel .... (siehe jeweiliger Körper)
Mittellinie eines Trapezes **29**
Mittelpunkt einer Strecke **8**, 9
Mittelpunkt einer Kugel **47**
Mittelpunkt eines Kreises **34**, 36
Mittelpunktswinkel **34**
  ~satz 35
Mittelsenkrechte einer Strecke .. **8**, 9
  ~ im Dreieck 16

N

Nebenwinkel **6**
n-Eck **26**
  regelmäßiges ~ 26, 33
  konvexes ~ 26
Netz eines Körpers **41**

O

Oberfläche ...... (siehe jeweiliger Körper)
Orthogonale Geraden **8**

P

Parallele, parallel **4**, 9
  Winkel an geschnittenen ~n 7
Parallelogramm **28**
Passante **34**
Peripheriewinkel **34**
Prisma **42**
Punktspiegelung **11**
Punktsymmetrie **13**
Pyramide **44**
Pyramidenstumpf **47**

Q

Quader **42**
Quadrat **27**, 33

R

Radius einer Kugel **47**
  ~ eines Kreises 34
Raumdiagonale **42**
Rauminhalt **40**
Raute **28**
Rechteck **27**
Rechtsdrehung **11**
Regelmäßiges Vieleck, ~ n-Eck ... **26**
  ~, spezielle 33
Rhombus **28**

63

REGISTER

S

Satz des Pythagoras 24
~ des Cavalieri 46
~ des Thales 35
Additionssätze/Additionstheoreme . . . 57
Ähnlichkeitssätze 50
Flächensätze am Kreis 51
Flächensätze am rechtwinkligen Dreieck 24
Kosinussatz, Sinus~ 58
Kongruenzsätze . . . . 20 ff.
Strahlensätze 52
Winkelsätze am Kreis 35
Winkelsätze an Geradenkreuzungen . . 6, 7
Scheitel eines Winkels 5
Scheitelwinkel 6
Schenkel eines Winkels 5
~ gleichschenkligen Dreiecks 18
~ Trapezes 29
Schnittpunkt zweier Geraden 4
Schrägbild eines Körpers 40
Schwerpunkt eines Dreiecks 16
Sechseck, regelmäßiges 33
Segment 39
Sehne 34
Sehnensatz 51
Sehnentangentenwinkel 34
~satz 35
Sehnenviereck 32
Seitenhalbierende 16
Sekante 34
Sekantensatz, Sekanten-Tangentensatz . 51
Sektor 39
Senkrechte Geraden 8
~ konstruieren 9
Sinus eines Winkels 54
~funktion 56
~satz 58
Spiegelachse 12
Strahl 4
Strahlensätze 52
Strecke 4
Teilung einer ~ 53
Streckfaktor, ~zentrum 49
Stufenwinkel 7
Symmetrieachse, ~zentrum 13

T

Tangente 34, 36
äußere ~n 37
gemeinsame ~n 37
innere ~n 37
Tangens eines Winkels 54
~funktion 56
Tangentenviereck 32
Teilung einer Strecke, Teilpunkt 53
Tetraeder 44
Thaleskreis 35, 36
Trapez 29

U

Umfang . . . . (siehe jeweilige Figur)
Umfangswinkel 34
~satz 35
Umkreis eines Dreiecks 16
~ eines regelmäßigen Vielecks 26
~ eines Vierecks 32

V

Verschiebung 10
Vieleck 26
regelmäßiges ~ 26, 33
konvexes ~ 26
Viereck 27
achsensymmetrisches Trapez 29
Drachenviereck 30
Formelübersicht 60
gleichschenkliges Trapez 29
Innenwinkelsumme 27
Konstruktion 31
Parallelogramm 28
Quadrat 27, 33
Raute 28
Rechteck 27
regelmäßiges ~ 33
Rhombus 28
Trapez 29
Übersicht 30
Volumen . . . . (siehe jeweiliger Körper)

W

Wechselwinkel 7
Winkel 5
Bogenmaß 38
Gradmaß 5
Neben~ 6
Scheitel~ 6
Stufen~ und Wechsel~ 7
Winkelfunktionen im rechtwinkligen Dreieck 54
~ für beliebige Winkel 56
Beziehungen zwischen den ~ . . . 54, 56
Eigenschaften der ~ 56
Winkelfunktionswerte bestimmen 55
Winkelhalbierende eines Winkels 8
~ konstruieren 9
Winkelhalbierende im Dreieck 17
Winkelsätze am Kreis 35
~ an geschnittenen Parallelen 7
Würfel 42

Z

Zentriwinkel 34
~satz 35
Zentrische Streckung 49
Zylinder 45